无风荷动

静参中国茶道之韵

马守仁 著

北京大学出版社
PEKING UNIVERSITY PRESS

图书在版编目（CIP）数据

无风荷动：静参中国茶道之韵 / 马守仁著 . — 北京：北京大学出版社，
2017.9
（幽雅阅读）
ISBN 978-7-301-28655-5

Ⅰ . ①无… Ⅱ . ①马… Ⅲ . ①茶文化—中国 Ⅳ . ① TS971.21

中国版本图书馆 CIP 数据核字 (2017) 第 203372 号

书　　　名	无风荷动：静参中国茶道之韵
	Wu Feng He Dong
著作责任者	马守仁 著
策 划 编 辑	杨书澜
责 任 编 辑	闵艳芸
标 准 书 号	ISBN 978-7-301-28655-5
出 版 发 行	北京大学出版社
地　　　址	北京市海淀区成府路 205 号　100871
网　　　址	http://www.pup.cn　新浪微博：@北京大学出版社
电 子 信 箱	zpup@pup.cn
电　　　话	邮购部 62752015　发行部 62750672　编辑部 62752824
印 刷 者	北京中科印刷有限公司
经 销 者	新华书店
	787 毫米 ×1092 毫米　A5　10 印张　176 千字
	2017 年 9 月第 1 版　2025 年 5 月第 4 次印刷
定　　　价	78.00 元

幽雅阅读

北京大学副校长　吴志攀

一杯清茶、一本好书，让神情安静，寻得好心情。

躁动的时代，要寻得身心安静，真不容易；加速周转的生活，要保持一副好心情，也很难。物质生活质量比以前提高了，精神生活质量呢？不一定随物质生活提高而同步增长。住房的面积大了，人的心胸不一定开阔。

保持一个好心情，不是可用钱买到的。即便有了好心情，也难以像食品那样冷藏保鲜。每一个人都有自己高兴的方法：在北方春日温暖的阳光下，坐在山村的家门口晒晒太阳；在城里街边的咖啡店，与朋友们喝点东西，天南地北聊聊；精心选一盘江南丝竹调，用高音质音响放出美好乐曲；人人都回家的周末，小孩子在忙功课，妻子边翻报纸边看电视，我倒一杯清茶，看一本好书，享受幽雅阅读时光。

离家不远处，有一书店。店里的书的品位，比较适合学校教书者购买。现在的书，比我读大学时多多了；书的装帧，也比过去更讲究了；印书的用纸，比过去好像也白净了许多。能称得上好书者，却依然不多。一般的书，是买回家的，好书是"淘"回家的。

何谓要"淘"的好书？仁者见仁，智者见智。依我之管见，书者，拿在手上，只需读过几行，便会感到安稳，心情如平静湖面上无声滑翔的白鹭，安详自在。好书者，乃人类精神的安慰剂，好心情保健的灵丹妙药。

在笔者案头上，有一本《水远山长：汉字清幽的意境》，称得上好书。它是"幽雅阅读"丛书中的一本，作者是台湾文人杨振良。杨先生祖籍广东平远，2004 年猴年是他 48 岁的本命年。台湾没有经过大陆的"文革"，中国传统文化在杨先生这一代人知识与经验的积累中一直传承下来，没有中断，不需接续。

台湾东海岸的花莲，多年前我曾到访过那里：青山绿水，花香鸟鸣。作者在如此幽静的大自然中写作，中国文字的诗之意境，词之意趣，便融入如画的自然中去了。初读这本书的简体字书稿，意绪不觉随着文字，被带到山幽水静之中。

策划这套书的杨书澜女士邀我作序，对我来说是一个机缘，步入这套精美的丛书之中，享受作者们用情感文字搭建的"幽雅阅读"想象空间。这套书包括中国的瓷器、书法、国画、建筑、园林、家具、服饰、乐器等多种，每种书都传达出独特的安逸氛围。但整套书之间，却相互融合。通览下来，如江河流水，汇集于中国古代艺术的大海。

笔者不是中国艺术方面的专家，更不具东方美学专长，只是这类书籍不可救药的一位痴心读者。这类好书对于我，如鱼与水，鸟与林，树与土，云与天。在生活中，我如果离开东方艺术读物，便会感到窒息。

中国传统艺术中的诗、书、画、房、园林、服饰、家具，小如"核舟"之精微，细如纸张般的景德镇薄胎瓷，久远如敦煌经卷上唐墨的光泽，幽静如杭州杨公堤畔刘庄竹林中的读书楼，一切都充满着神秘与含蓄之美。

几千年来古人留下的文化，使中国人有深刻的悟性，有独特的表达，看问题有特别的视角，有不同于西方人的简约。中国人有东方的人文精神，有自己的艺术抽象，有自己的文明源流，也有和谐的生活方式。西方人虽然在自然科学领域，在明清时代超过了中国。但是，他们在工业社会和后现代化社会，依然不能离开宗教而获得精神的安慰。中国人从古至今，不依靠宗教而在文化艺术中获得精神安慰和灵魂升华。通过这些可物化可视觉的幽雅文化，并将它们融入日常生活，这是中国文化的艺术魅力。

难道不是这样吗？看看这套书中介绍的中国家具，既可以使用，又可以作为观赏艺术，其中还有东西南北的民间故事。明代家具已成文物，不仅历史长，而且工艺造型独特。今天的仿制品，虽几可乱真，但在行家眼里，依然无法超越古代匠人的手艺。现代的人是用手做的，古代的人是用心做的。当今高档商品房小区，造出了假山和溪水，让居民在窗口或阳台上感受到"小桥流水人家"，但是，远在历史中的诗情画意是用精神感悟出来的意境，都市里的人难以重见。

现代中国人的服饰水平，有时也会超过巴黎。但是，超过了又怎样呢？日本人的服装设计据说已赶上法国，韩国人超过了意大利。但是，中国服装特有的和谐，内在的韵律，飘逸的衣袖，恬静的配色，难以用评论家的语言来解释，只能够"花欲解语还多事，石不能言最可人"。

在实现现代化的进程中，我们千万不要忽视了自己的文化。年近花甲的韩国友人对笔者说，他解释中国的文化是"所有该有的东西都有的文化"，美国文化是"一些该有的东西却没有的文化"。笔者联想到这套"幽雅阅读"丛书，不就是对中国千年文化遗产的一种传播吗？感谢作者，也感谢编辑，更感谢留给我们丰富文化的祖先。

阅读好书，可以给你我一片幽雅安静的天地，还可以给你我一个好心情。

2004 年 12 月 8 日于北大蓝旗营

序

一

滕军

两年前的一天，"幽雅阅读"丛书的策划人杨书澜女士邀我写其中的中国茶道部分。考虑到自己研究中日茶文化已二十余年，该可以承担，便应允了下来。其后，读了该丛书已出版的由北大哲学系美学室主任朱良志先生执笔的《生命清供—国画背后的世界》，才知道自己没有能力承担这个撰稿的任务。朱先生在写中国画时，全然把自己当做画中之人，画中之物，而没有站在鉴赏者的位子上。而我呢，虽多年研究中日茶文化的历史、思想、形态，却始终把茶当做一个客体去对待。

自上世纪90年代以后，我国的茶文化事业获得很大的发展。

因茶文化最能收到"文化搭台，经济唱戏"的效果，所以，各产茶区、各茶叶生产机构、各茶馆经营机构纷纷开办茶文化节，出版茶刊物；各类文化人、记者更是涌进茶文化圈，大施笔墨。有的文章把茶捧得过于神秘，有的拍卖会把茶拍得贵于黄金。于此，我总想，茶是中华先祖们用智慧选育出来的健康饮料，是中国老百姓每天离不开的七件大事之一，我们还是把茶从过于奢华的包装中解救出来，实实在在地喝茶，喝好每一杯茶为好。又因各种利益的驱使，目前，中华大地上自称"茶人"者颇多。其实，这也是件好事，起码称茶人者是仰慕茶之境界的。但自称茶人却没有时间喝茶，或没有静下心来喝茶者占绝大多数。其实，茶文化不是研究出来的，而是喝出来的；茶道不是思量出来的，而是体悟出来的。

那件事过了不久，我收到了西安冷香斋主马守仁的几篇文章。因我那一段正忙于装修，便把马先生的文章带到了装修现场去读。有过这种经历的人都知道，装修是个炼狱，也许正因此，冷香斋的饮茶日记把我完全迷住了，把我的心灵引进了他的世界、茶的世界、宁静的世界，可能只用了 10 秒种。

马守仁的茶具很简单，往往是"常用玻璃杯"，水也很平常，只是"打开水"，茶品更属一般。但他却是全身投入，全心倾注于茶。他能体味出三泡茶之间微妙的差异，并把它们用优美的文字记叙下来，传达给我们；他能令茶的外形、滋味立体化，拟人化，成为一段美妙的故事让我们心醉；他能把古今的茶事、诗事、画事、佛事糅进一杯清茶中，让我们的心灵随着他的笔触上下激荡，物我两忘。

我决定请马守仁先生代我完成"幽雅阅读"丛书的撰稿任务，我想让千万个读者与我共享冷香斋主的这杯香茶，也让国人共同为这本册子的出版感到骄傲。谁说现代中国缺少了饮茶的大家，谁说浮躁的中国茶变了味，《无风荷动》一书会让世界品味出真正的中国茶的味道。

2007 年 8 月 31 日　写于上河村云月斋

序二

苦茶和尚

　　与佛结缘，始于前生；与冷兄结缘，只在今世。初闻冷兄名号，以为其人必冷人冷面冷心，难与结交；及与冷兄相知日深，始知冷兄实乃性情中人，简淡静穆，良多古风，如同茶品中的老竹大方一样，愈品饮愈觉其滋味醇厚深长。

　　冷兄为人，谦恭真诚，博学多艺，在诸如文学、绘画、音乐、茶道、园艺、建筑乃至服饰、饮食等方面多有涉猎，然谈吐间每每有郁郁不得志意。自言日常煎水啜茗，不仅为了解渴，也为了聊消胸中一段块垒。临别，山僧即以日常所持诵《金刚经持诵文》相赠，俾对冷兄修道有所助益。

一日，闹市丛中忽逢我冷兄，数年未曾谋面，不但沉郁之气尽除，且飘然有出世间意。言谈间，即以《冷香斋茶道修习日记》文稿三卷出示，云历时三载、于茶池盏畔所成者。山僧因求一观，冷兄慨然与之，略无吝啬意。既归山，佛事外，每日唯以此日记相伴。读诵甫毕，既惊且喜，以为可于许然明《茶疏》、屠长卿《茶笺》间者。

冷兄论茶，立意颇高，以"清、和、空、真"四字囊括儒、道、释三家无遗，终归于自然清明，既合于古法，又最能体现华夏茶道精髓，实为不易之论。

冷兄饮茶，法度甚严，有"七须、五不、三忌"等名目。当此末法时期，于区区一茶道精严如此，于世风亦当有所救益。

冷兄评茶，既得茶之九德，又发茶之九香、六味、四气，更品评出茶道二十四品，精微细致如此，可谓茶之知音。

冷兄论茶，全从实证中来，虽然有时难免粗疏甚或舛误之处，却最能发茶真性情，最能快人心意，也最活泼有趣。比如世人参禅，多不注重实证，以为参得几则公案，读过几部语录，便懂得禅，便顿悟佛法，却不知佛法原从实证中来，关他语录、公案何事？此"实证"二字，不仅是冷兄论茶最得力处，也是冷兄之文颇合山僧心意处。于是挑灯瀹茗，焚香濡墨，既评且序，以尽幽情。

戊寅年秋于终南山

目录

佳人如茗

自沉沦以来，郁郁寡欢。工作之余，每日只以读书、饮茶自娱，心烦体恹，多不及记忆。茶思有时浓，有时淡；茶意有时得，有时不得；总成过眼云烟，空了无痕。有时细细回想，也曾饮过几样好茶，如洞庭碧螺春、西湖狮峰龙井、黄山毛峰等。也曾饮过几样稀有之茶，如敬亭绿雪、湘波绿、蒙顶茶等。茶烟消散后，只余一缕幽思，只余一缕冷香，只余一缕淡淡的哀愁。淡淡的哀愁外，更有难以排遣的落寞与萧索。

有时感叹：人生于世，或乘风破浪以纵其志，或悠游林泉以适其意；或感三顾之恩，鞠躬尽瘁而后已；或报相知之情，伏剑绝舟而不顾。余生不偶，多所缺憾。不如且趁这月白风清之时，煎一瓯水，瀹一壶茶，犹可以积来世福，修今世心；犹可以逃无名，寄孤傲，托幽情，抒悲愤；可以比，可以兴，可以群，可以怨，可以尽我余生。

嘻，余将隐于茶乎？

又自念俗语有云：酒肉穿肠过，佛祖心中留。酒肉之事尚且如此，何况饮茶？余虽沉沦，不能使茶沉沦，故将为之作记。

《老子》曰："众人熙熙，如享太牢，如春登台。我独泊兮其未兆，如婴儿之未孩；儽儽兮若无可归。众人皆有余，而我独若遗，我愚人之心也哉，沌沌兮！"

可惜我老子不解茶事，不然设佳茗，陈茶器，与我老子坐语道德，何如？

（京华闲人评曰："上善若水"。老子既知水，安知不懂茶？冷兄孟浪。）

茶时：1996 年 4 月 15 日，上午，烹茶独饮

茶室：冷香斋

茶品：黄山毛峰茶，受茶两茶匙

水品：自煎水，水温 80℃

茶器：常用玻璃杯

瀹法：下投

一水：香清幽，透花香。入口鲜醇、滑嫩，后味甘，有津

二水：香清幽，入口鲜醇、滑爽，后味甘，有津

三水：仍有香，余后味，有津

茶形：散茶条形，微扁，色泽翠绿，嗅之有香

香气：清香

汤色：淡绿，清亮

叶底：嫩绿，状如兰花，盈盈可爱

简评：条形好，净洁，质嫩

评曰：瑶池仙品，竟体芬芳

茶道略说

茶道一事，细微精深，言语道断。冷香斋主人饮茶有年，或得之于口，或会之于心，故略论之曰：

茶道可以四字总括：清、和、空、真。

清：茶不难于有香气，有滋味，而难于"清"。香气清雅纯正，滋味甘淡爽口，无缠绵之意味，无沉郁之感觉，谓之"清"。

和：茶不难于"清"，而难于"和"。滋味醇和中正，饮茶之后觉得一股平和之气息弥布颊齿、胸腹间，无邪异之味，无乖戾之气，是为和。

空：茶既清且和，几近于"空"。甘香入口，过颊即空，如羚羊挂角，无迹可寻；如风行水面，不留踪迹。所谓"无眼耳鼻舌身意，无色声香味触法"者，或可谓"空"。

真：饮茶毕，凝神反观，息心于冷香淡泊处，谓之真。

清，口吻鼻舌或可感觉出；和，绝听屏息或能体会到；空如禅心一点，偶露端倪；至若真，大象无形，难觅其踪迹。

清，应具大自然之真意；和，须合于儒家中庸之大道；空，应参究禅宗空灵之境界；真，须应于道家无为之精神。

（苦茶和尚评曰：首篇开宗明义，点露出茶道"清、和、空、真"四字，立意非凡，自是冷兄高妙处。日本茶道也有四字："和、敬、清、寂"，虽然也是四字，意境却迥然有别，读者宜用心体会。）

茶时：1996 年 4 月 18 日，上午，春阴欲雨，写墨兰一丛后，烹茶

茶室：冷香斋

茶品：阳羡雪芽茶，受茶两茶匙

水品：自煎水，水温约 85℃

茶器：常用玻璃杯

瀹法：下投

一水：微透栗香，入口甘淡、滑软，后味甘，后气香，有津

二水：香不减，入口甘淡、滑软，后味甘淡，有津

三水：香微、味淡，后味甘淡，有津

茶形：条索型，色苍绿，显毫，茶形细小

香气：清香

汤色：淡绿，清亮

叶底：嫩黄，多为芽叶，间有一枪一旗者

简评：春妆处子，风韵天成

明 文徵明《品茶图》（局部）

明代文人素有雅集之风，煎水烹茗是其中不可或缺的雅举。图中草堂内二人对坐清谈，几上置砂铫，茗碗；堂外一人正过桥向草堂行来；茶寮内炉火正炽，一僮扇火煎水，准备茶事，茶僮身后几上摆有茶叶罐及茗碗，一场小型的文人雅集即将展开

茶俳（一）

俳句是日本文学中一种独特的文体，是否同茶道一样，最早也是从中国流传过去的，目前还没有看见过这方面的研究，也懒得去考证。闲来无事，读书煮茗之余，曾戏作"茶俳"数则，以尽幽情。虽不完全符合日本俳句规矩，却能聊以抒发茶人饮茶时的闲情雅致，与中国诗词格律也多有暗合之处，因此名之曰：茶俳。不知芭蕉、一茶（均为日本著名俳人）肯我否？

　　茶汤绿盈盈，雨后山容添眉妩，树外一鸠鸣。

　　玉罂茶汤翠，蒲团一具箫一曲，嚼白石风味。

　　回也屡贫，居陋巷，思量明朝一瓯茶。

　　闲对一窗芭蕉雨，任摇落，煎茶读我书。

　　紫砂小盏，频呼苦茶原无事。

　　苦茶呀，紫砂壶里细吟诗。

　　（苦茶和尚评曰：山僧也入得茶品，冷兄自是可人。京华闲人评曰：僧家与茶原本不二。）

茶时：1996 年 4 月 20 日，细雨，午后烹茶

茶室：冷香斋

茶品：黄山云雾茶

水品：自煎水，水温约 85℃

茶具：常用葫芦素壶、小盏

瀹法：下投

一水：香清幽，作花香。入口甘淡，软嫩，后味甘，后气香，有津

二水：香清幽，味淡，余后气，后味甘淡，有津

三水：仍有香，味淡，余后味

茶形：散条形，色苍黄，显嫩毫

香气：清香

汤色：清澈、微黄

叶底：叶底嫩黄，有虫叶

简评：此茶系友人所赠，为黄山脚下自产茶，故稍具真茶风韵

烟雨·江南

午梦醒来时，窗外下起了廉纤细雨。

我拥被而坐，细细体味着细雨梦回时这既甜蜜又清寒的朦胧感觉。

雨什么时候开始下的？没有人知道。雨从哪里开始下的？也没有人知道。雨仿佛初春少女不可捉摸的心绪，就这样无端地来，又无端地去，心中的万语千言都化作一川烟雨，寂寞而凄迷。

没有人能读懂她眸子里的哀怨与凄婉，她美丽的容颜已融入无边无际的雨雾里，泪光点点如桃花雨，瓣瓣飘零。

我瀹了壶茶坐在窗前，心中忽然充满雨意。

我想到了江南，想到了雨，想到一些古代的诗句。

这当然都是些很美丽、很温柔的诗句，温柔得让人不敢触摸，美丽得让人心碎。

这些诗句当然和雨有关、和江南有关。

江南，现在正是落雨的季节。

"千里莺啼绿映红，水村山郭酒旗风。南朝四百八十寺，多少楼台烟雨中。"这是诗人杜牧吟咏江南春雨的绝句，千百年来一直广为传诵。南朝的寺院当然不止四百八十座，但若与佛经中常用的"八万四千"这数字联系起来的话，烟雨楼台中便多了几许禅意，耐人寻味。

"江雨霏霏江草齐，六朝如梦鸟空啼。无情最是台城柳，依旧烟笼十里堤。"韦庄的这幅《金陵图》，则描绘出一幅烟雨迷蒙、雨雾霏微的江南春雨画卷，读后使人伤情。

其他如李憬的"细雨梦回鸡塞远，小楼吹彻玉笙寒"、李后主的"帘外雨潺潺，春意阑珊，罗衾不耐五更寒"、岳珂的"正黄昏时候杏花寒，廉纤雨"、吴潜的"多少闲情闲绪，雨声中"以及谢懋的"归梦已随芳草绿，先到江南"、范成大的"片时春梦，江南天阔"等，都是描写江南、描写江南春雨的佳句，使人读后如饮佳茗，颊齿生香，幽思难忘。

而最精于刻画江南春雨情致的，自然要数史达祖的那阕《绮罗香·春雨》了。

史达祖是南宋人，字邦卿，号梅溪，有《梅溪词》传世。我们已无法一睹他的文采风流，也不能确切考察他的生平事迹和行踪，只知道他曾作过幕僚，后因罪被黥面，被流放，在贫困潦倒中走完他人生最后的旅程。

他的遭遇当然不能说好，但也不能说很坏，因为在中国这方辽阔而古老的土地上，知识分子和文人墨客们的命运大都如此。

和那些更为不幸的人们相比，史邦卿是幸运的，至少他还能写诗、作词，至少他还能用自己的头脑思考，至少他还有一部《梅溪词》流传下来——而这些已经足够了。

作冷欺花，将烟困柳，千里偷催春暮。尽日冥迷，愁里欲飞还住。惊粉重、蝶宿西园，喜泥润、燕归南浦。最防他、佳约风流，钿车不到杜陵路。

沉沉江上望极，还被春潮晚急，难寻官渡。隐约遥峰，和泪谢娘眉妩。临断岸，新绿生时，是落红、带愁流处。记当日、门掩梨花，剪灯深夜语。

这就是史达祖，这就是《梅溪词》，这种凄艳的美会使你感动得想要落泪。

雨声不断，我飘零的思绪渐渐从南国沉沉雨雾里收回，心

明　陈继儒《丛林遇雨图》

中仍充满美好感触和诗句的清香，同时也有一抹淡淡的忧思和凄凉。

为什么美的意境往往使人神伤？

佛说《般若波罗蜜多心经》道："舍利子，是诸法空相，不生不灭，不垢不净，不增不减。是故空中无色，无受想行识，无眼耳鼻舌身意，无色声香味触法。无眼界，乃至无意识界，无无明，亦无无明尽……"也许尘缘中的所有真如梦幻空华、过眼云烟，就像这迷蒙细雨，因缘而来，缘尽而去，谁能真切拥有呢？

而我却始终参不透这"空"字，也断不了这无尽尘缘，因此才想起江南，想起江南春雨，想起雨中的忧郁……

盏中的茶早已凉了，只余一缕冷香。

（苦茶和尚评曰：意境凄美迷离，此是冷兄看家本色。

京华闲人评曰：让闲人想起了白石道人："想梦魂月夜归来，化作此花幽独。"正是这份牵挂，才参不透这缕冷香。）

茶时：1996 年 4 月 27 日，上午。天气清朗，与两三客共饮

茶室：冷香斋

茶品：铁观音茶，约三分

水品：自煎水，水温 95℃

茶器：常用茶池、素壶、小盏

瀹法：下投，先洗茶，倾去茶汤，然后注水瀹茶

一水、二水：茶香馥郁，作花香。入口稍苦重，后味回甘，后气甘香，舌边生津，盏底留香

三水、四水：香减，味稍淡，有津

五水、六水：仍有香，味淡，后味淡，有津

茶形：条索粗壮，曲结，稍重。色墨绿，略有油润感

香型：花香

汤色：橙黄

叶底：肥厚、宽大，青绿色，略有镶边，间有断叶、残梗

简评：此次所购铁观音，档次虽不高，尚可烹瀹，聊解我多年相思

不出文记

茶时：1996 年 5 月 6 日，春阴，午后瀹茶

茶室：冷香斋

茶品：黄山云雾茶

水品：自煎水，水温约 90℃

茶器：素壶、小盏

瀹法：下投

一水：香清幽，入口淡，软嫩，后味甘淡，后气香，有津

二水：香清幽，味淡，后味甘淡，有津

三水：仍有香，味淡，后味甘淡

茶有九德

孔子论水有九德：德、义、道、勇、法、正、察、善、志。

老子也有"上善若水。水善利万物而不争，处众人之所恶，故几于道"的说法，可见在我国古代，水的美德很早就为历代圣贤所认识。

冷香斋主人论茶也有九德：清、香、甘、和、空、俭、时、仁、真。

清：可以清心。名茶多出产于深山幽谷中，最具有大自然的清明灵秀之气，外形清秀，香味清幽，最能清人心神。

香：如兰斯馨。茶有真香，这种香气是纯天然的，成分极为

复杂，不宜进行人工合成，极品茶还应具有兰花般高雅的香气。

甘：苦尽甘来。茶有真味，滋味甘淡清醇，小苦而后甘，耐人品味。

和：中气平和。茶的香、味以"和"为贵，饮茶后应有一种"平和"之气润泽于五脏六腑间，久不能去，谓之和。

空："五蕴"皆空。茶的香味又以鲜活、空灵为贵，饮茶后不留不滞，就叫做空。

俭：饮而有节。茶不可多饮，不可过饮；茶以及茶器不可过求奢侈，总以节俭为茶人美德。

时：知时而动。采之以时，造之以时，投之以时，烹之以时，饮之以时。茶之时义大矣。

仁：生仁爱心。仁者"爱茶"，饮茶能使人生仁爱心。

真：得天地真情。茶有真香真味，香气清幽，滋味甘淡，能使人领略到大自然的清明空灵之意，不仅能澄心净虑，更能品饮出天地真情、人间真情，甚至体悟出茶中"至道"，是为真。

其中"俭"字与陆羽《茶经》相符，也最能体现茶以及茶人的品德修养和道德情怀；仁德，是茶九德的核心。

茶人饮茶时如果能领会茶九德，也许就可以因茶入道了。

（苦茶和尚评曰：不若改"甘"德为"苦"德，苦尽甘来，方有意味。

京华闲人评曰：清人梁矩章将茶归纳为香、清、甘、活，闲人尝论茶之韵，冷兄竟有九德之议，可见其用心之深。）

茶时：1996年9月2日，上午，秋阴欲雨，烹点山南绿茶。自煎水，水温约85℃，常用素壶、小盏，下投。

茶室：冷香斋

简评：今日烹茶，茶有余香，惜不及作记

女儿红

人到中年，心境渐渐趋于平淡甚至死寂，特别是我辈至情至性之人。

欧阳文忠在《秋声赋》里叹道："人为动物，唯物之灵。百忧感其心，万事劳其形，有动于中，必摇其精……宜其渥然丹者为槁木，黝然黑者为星星。"人到中年，恰如这秋天的树木一样，正值飘摇的季节，"心绪逢摇落，秋声不可闻！""悲哉秋之为气也！萧瑟兮草木摇落而变衰。"树犹如此，人何以堪！

于是便常常想着寻找一些阳光，一点温暖，寻找一句两句温柔，使抑郁的心得到些许慰藉……

于是便常常找来一些闲书，聊解抑郁情怀。

所谓闲书当然是指一些闲人闲时所记以供我辈闲人闲时聊解抑郁情怀的书，如冒襄的《影梅庵忆语》，如沈复的《浮生六记》，如周作人、梁实秋们的散文等。

周作人的名字是小时候读鲁迅时结识的，只知道他是鲁迅的弟弟，也会写文章，却不知他的文章竟写得那样好！

豆腐据说是淮南遗制，历史甚长，他的制品又是种类很多，豆腐，油豆腐，豆腐干，豆腐皮，千张，豆腐渣，此外还有豆腐浆和豆面包，做起菜来各具风味，并不单调。

这是周作人的《臭豆腐》，娓娓道来，如数家珍，平淡中现出厚重。其他如《咬菜根》《罗汉豆》《吃茶》《谈酒》《谈梅子》《苦竹》，梁实秋的《腊肉》《火腿》《喝茶》《饮酒》等，大都清新可喜，风格自然，很可一读。

鲁迅的书现在是不大读了，大概是小时候读得太多的缘故吧。（只仿佛记得单是他的《彷徨》就读过许多遍，原因很简单：那时候没有别的书可读。）鲁迅的文章自然也有很大的可读性，如他在一篇杂文（到底是哪一篇，已记不清了）中就很幽默地写道："我的窗前有两棵树，一棵是枣树，另一棵也是枣树。"

有时候很奇怪，正当鲁迅们以笔作枪，横眉怒目金刚似的在纸上嬉笑怒骂时，周作人、梁实秋们却坐在老式靠背圈椅里，叼着烟斗，不慌不忙地饮茶、聊天、谈吃谈喝，写一些无关痛痒的小文章，哪来的这份闲情雅致？

人到中年，方才懂得了个中道理。

萧闲处，磨尽少年豪。昨梦醉来骑白鹿，满湖春水段家桥。濯发听吹箫。

中年是生命的秋天，能结果的已经结果，该凋落的即将凋落，所谓"少年不识愁滋味，爱上层楼，为赋新词强说愁。而今识尽愁滋味，欲说还休。欲说还休，却道天凉好个秋"，正是这个道理。

江南有一种酒，称女儿红，据说是在人家生下女儿后，便酿数坛黄酒，藏在地窖里，等到女儿出嫁时才拿出来宴飨宾客，酒味醇和，很是好喝。大概好的文章也是如此，只有窖藏几十年后，滋味方才醇厚，方才是天地间好文章，方才能供我辈至情至性之人拿来下酒……

人到中年，生命也恰如这女儿红，时间越久，酒味越是醇和、厚重，也越是趋于平淡甚至死寂。

人生得意须尽欢，莫使金樽空对月！

浊酒一杯，谁伴我尽此余欢？

（苦茶和尚评曰：全不关茶事，冷兄莫非要卖文不成？

京华闲人评曰：闲人藏有十九年女儿茶数帖，他日奉君，以完此文。）

茶时：1996 年 6 月 26 日，上午，阴，独坐瀹茶

茶室：冷香斋

茶品：龙井茶

水品：自煎水，水温 85℃

茶器：常用玻璃杯

瀹法：上投

一水：干茶入水，香菲微半室，透栗香，茶稍沉后，香气稍减，添花香。入喉甘滑，后气香，后味甘淡，有津。闭目屏息，觉一股平和之气充溢喉吻间

二水：香幽微，后气醇和，后味甘淡，有津

三水：仍有香，入口甘淡，有津

茶形：条索形，挺秀平直，色泽苍黄透绿

香气：清香

汤色：淡黄

叶底：多为嫩叶，有芽，叶底嫩黄，间有老叶

简评：香幽味醇，如仁人君子

不出文记

茶时：1996 年 9 月 18 日，上午。窗外雨声潇潇，瓦盆中虫声沙沙，不觉吟起姜白石的《齐天乐·蟋蟀》词来，于是烹茶以志幽兴

茶室：冷香斋

茶品：南山绿茶

水品：自煎水，水温 90℃

茶器：常用素壶、小盏

瀹法：下投

一水：香清幽，透栗香，入口滑嫩，后味稍甘，微有津

二水：香清幽，入口滑嫩，微有津

三水：微有香，味淡，稍有津

白石词风

姜夔（约1155—1221），南宋著名词人，字尧章，别号白石道人，鄱阳（今江西鄱阳县）人。工诗善词，精通音律，为一时俊才，有《白石道人歌曲》六卷存世。白石词风清丽娴雅，于婉约中见清刚之气，清虚骚雅，耐人咀嚼。

最喜读他的《过垂虹》（"自作新词韵最娇，小红低唱我吹箫。曲终过尽松陵路，回首烟波十四桥。"），和杜牧的《寄扬州韩绰判官》（"青山隐隐水迢迢，秋到江南草未凋。二十四桥明月夜，玉人何处教吹箫？"）堪称双璧，同为描写箫声雅韵的千古佳篇。

《齐天乐·蟋蟀》则是一阕描写秋声的名篇，每当秋雨霖霖时，煎一瓯水，瀹一壶茶，闲对一窗秋雨，啜茶香，听蛩吟，以为人生清况不过如此。

> 庾郎先自吟愁赋，凄凄更闻私语。露湿铜铺，苔侵石井，都是曾听伊处。哀音似诉，正思妇无眠，起寻机杼。曲曲屏山，夜凉独自甚情绪？西窗又吹暗雨，为谁频断续，相和砧杵？候馆迎秋，离宫吊月，别有伤心无数。豳诗漫与，笑篱落呼灯，世间儿女。写入琴丝，一声声更苦。

这就是白石词风，每一吟及，如同品饮一杯绿茗，口角为之作三日清。

（苦茶和尚评曰：他山之石，可以攻玉。以古人诗词曲赋入茶，别有意境。

京华闲人评曰：白石自是一代宗师。）

茶时：1996 年 10 月 8 日，上午。秋气入窗，景色爽然，洒扫冷香斋毕，煎水瀹茶

茶室：冷香斋

茶品：黄山云雾茶

水品：自煎水，水温 90℃

茶器：常用素壶、小盏

瀹法：下投，不加盖，约两分钟后开汤

一水：香菲微，入口稍重，后味甘香，稍有津

二水：香气清幽，入口稍淡，有甜香，稍有津

三水：有香，味淡，喉间余甘香，稍有津

茶可载道

古人云："茶味只在一得之间"，确是心得之语。同是一茶，若水质不同，则滋味迥别；水质同，煎法不同，滋味又别；水质同，煎法同，瀹法有别，滋味仍不同，更无论投茶量的多少、水温的高低、开汤的先后、不同的茶器、不同的品饮环境、品饮对象等。

黄山云雾茶数日前饮过，今日烹点，香气、茶味均与前次稍有差别。如人饮水，冷暖自知。此中消息，须仔细体味，或可得茶道之一二。

难矣哉，茶虽微物，而其道甚大。非精行修德之人，不可与语、不可与饮。

茶中有三昧，有灵性，茶可载道。

昔年赵州和尚住观音院时，遇有懵懂僧人来参，辄曰："吃茶去！"也只为点露出他一点灵根而已。

（苦茶和尚评曰："茶味只在一得之间"，此是冷兄实证语，不可等闲读过。

京华闲人评曰：有饮茶终生者，亦难得此"一得"。）

日長何所事茗碗
自賣持料得南
窓下清風滿鬢
綠　吳趨唐寅

茶时：1996 年 10 月 8 日，午后

茶室：冷香斋

茶品：屯绿茶

水品：自煎水，水温 90℃

茶器：常用素壶、小盏

瀹法：下投，不加盖

明　唐寅《事茗图》

此图具体而形象地表现了文人雅士幽居的生活情趣。画面上群山飞瀑，巨石巉岩，山下翠竹高松，山泉蜿蜒流淌，一座茅舍藏于松竹之中，屋中厅堂内，一人伏案观书，案上置书籍、茶具，一童子煽火烹茶。屋外板桥上，有客策杖来访，一僮携琴随后。可以想见，接下来两位文人雅士将要调琴品茗，享受山静日长的悠闲时光

一水：香浓烈，入口爽利，有后味，后数盏茶味较重

二水：香浓烈，入口爽然，后味稍甘

三水：有香，味淡，有后味

茶形：色苍绿，条索形，稍弯曲

香气：花香

汤色：黄，色重浊

叶底：色苍苍，多为老叶、断叶，间有芽叶

简评：此次所购屯绿茶香浓味重，后味稍嫌淡泊，尚不能入
冷香斋茶品

说茶时

茶之香、味，不先不后，不冷不热，不紧不慢，只在一时。如南宗禅法，禅机只在电光石火间。茶味多变，或浓或淡，或清或浊，或高或低，不可定论。如十八女儿家心事，让人难以捉摸。

茶有真香，有至味，有奇效。香清而长，入于鼻；色嫩而鲜，入于目；味甘淡平和，入于口；去烦疴却睡魔，入于脾胃。因此茶人须一尊好鼻子，须一双好眼力，须一腔好喉舌，须一副好脾胃。如果五官粗俗，脏腑肮脏，请饮沟渠间弃水，无污我茶！晋时孙绰曾讥讽某人道：此子神情都不关山水，焉能作文！虽觉刻薄，却也是大老实语。

（苦茶和尚评曰：偏激之语，山僧心中不喜。

京华闲人评曰：茶之平和在里而不在表，冷兄之语果然有些偏激。）

茶时：1996 年 10 月 10 日，早迟起，阅禅门公案数则，稍觉困倦，于是小睡片刻，午饭后洒扫冷香斋毕，烹茶

茶室：冷香斋

茶品：明前毛尖茶

水品：自煎水，水温 85℃

茶器：常用葫芦素壶、小盏

瀹法：下投

一水：香幽微，入口稍苦涩，后味稍甘，有津

二水：香幽微，入口稍苦涩，后味淡，有津

三水：微有香，入口微苦，味淡，舌边稍涩，后味淡，有津

茶形：条索形，微曲，色泽墨绿，微透牙黄。采制稍粗，多老叶、残叶及断梗

香气：幽香

汤色：淡黄、明亮

叶底：黄绿色，间有绿叶，多为散芽叶，间有断叶、残叶、老叶及虫叶

简评：茶汤、香味俱不恶，然采摘稍嫌不精

煎水（一）

古人论煎水，有一沸、二沸、三沸的说法，老汤、嫩汤的

区别，并不是没有道理。

瀹茶的水温因茶品的不同而有所差别。譬如冲瀹乌龙茶，以 98℃ 的沸水为宜，沸滚过度或水温不足皆不宜；而冲瀹细嫩绿茶，水温应凉至 80℃ 或 70℃ 为宜；稍老一些的绿茶，如炒青绿茶，应以 90℃ 水温为宜。同是乌龙茶，一些发酵程度较轻的，水温也不宜过高，以 92℃ 为宜。古人论煎水时说："其沸如鱼目，微有声，为一沸；边沿如涌泉连珠，为二沸；腾波鼓浪，为三沸。以上水老不可食也。"二沸水时水温最高，至三沸时，水温会有所下降。

煎水用器以风炉、茶铫最为风雅精致。风炉有铸铁炉、铜炉、竹炉、砖炉、陶土炉等。风炉燃炭以煤、木炭、松枝、竹头、木屑等为佳。广东潮汕地区用橄榄核炭代替燃炭，也别有趣味。茶铫以砂铫为首选，其他如紫砂铫、陶土铫、铸铁铫、不锈钢铫、玻璃铫等也很常用。另有银铫，为茶铫中极品。宋徽宗在《大观茶论》里说："瓶宜金银，小大之制，惟所裁给。"帝王家言，平头百姓只能听听而已，不可照搬。这里所说的"瓶"也就是茶铫，又称汤瓶，宋代流行点茶，于是弃铫用瓶，以便注水点茶。

冷香斋主人平时煎水瀹茶，都用 500 瓦电炉和容积约 800 毫升茶铫，虽然没有古人茶事那样雅致，却很实用。500 瓦电炉火力虽然缓和一些，却能领略到蟹目初生、鱼鳞翻滚、松风满耳的清幽之情。有一天煎水时用 800 瓦电炉，刚刚听到水声时，水已经烧开，已过三沸，已老，不再如往日那样从容不迫和闲雅悠然。

唐代诗人顾况有煎水佳句道："煎以文烟细火，煮以小鼎长泉"，最有煎水意境，也最堪入茶、入诗、入画，也最能起人幽思。

（苦茶和尚评曰：山僧煎水，用泥炉瓦铛。虽觉寒俭，却喜水清茶淡，有山林之味。）

茶时：1996 年 10 月 10 日，晚，烹点屯绿茶，以嗅、以玩
茶室：冷香斋
简评：烹点屯绿茶，需紫砂壶，需 90℃以上滚水。投茶、烫盏，茶汤初注，香不甚发；稍候，甘香满盏，气沉而长，就盏嗅之，愈久而香愈出，叹未曾有。又稍候，泼去茶汤，就盏底频频嗅之，浓香扑鼻。盏已凉，仍有一股冷香轻抚鼻翼，使人忘忧

茗壶说（一）

冷香斋主人居常瀹茶，多用紫砂壶，取其古朴雅致、能发

茶香味的特点。有些茶友认为紫砂壶能吸茶香，因此改用玻璃杯或陶瓷杯瀹茶，其实大可不必。紫砂壶固然能吸收一些茶香，但它更能发茶香，用的时间久了，不但壶身晶莹如玉，而且壶腹芬芳满盈，最益于茶。

明代闻龙《茶笺》里记载说："因忆老友周文甫，自少至老，茗碗薰炉，无时暂废……尝畜一龚春壶，摩挲宝爱，不啻掌珠。用之即久，外类紫玉，内如碧云，真奇物也，后以殉葬。"

当然，玻璃杯、陶瓷杯也可以用，特别是冲瀹绿茶，一杯在手，翠绿芳香，不但能观汤色，也可赏茶形，自是幽人雅事。

（京华闲人评曰：古时茶类无多，故用具虽精，于茶类之适应却不甚讲究，现则变化较多。）

茶时：1996 年 10 月 14 日，晚饭后烹茶

茶室：冷香斋

茶品：黄山云雾茶

水品：自煎水，水温 85℃

茶器：常用素壶、小盏

瀹法：下投，加壶盖

一水：香浓烈，有花香及栗香味。入口稍涩，微苦，盏底花香袭鼻，后味稍甘，微有津

二水：香稍减，味稍淡，后气香，后味甘，有津

三水：仍有香，味淡

简评：今晚饮茶，觉喉吻皆香

佳人如茗

东坡居士有诗句道：从来佳茗似佳人。此语吾未尝首肯。近几月身体不适，于是摒绝俗事，每日只以养心煮茗为要务，始悟坡老此句之妙。

记得小时候读诗，至"歌馆楼台声细细，秋千院落夜沉沉"

句，只是匆匆读过，不曾细察。后来有天晚上听人在楼头吹笛，伴以昆曲清唱，腔细声圆，和着笛声渡出小楼，飘散在秋露月色里，这才领悟出"歌馆楼台声细细"意境的绝妙。

佳人的美，不仅在她的容貌服饰、言语行动上，更在于她能随时而变化。有时如颦儿病秋，让人怜惜；有时如湘云醉卧，憨态可掬；有时如宝钗扑蝶，偶露天真；有时如妙玉烹雪，清雅绝俗。据冒襄《影梅庵忆语》记载：董小宛身在青楼时，为秦淮名妓；及至天下大乱，蛇行鼠窜时，又如女中丈夫，其识见胆略均过于须眉；嫁于冒襄后，或吟诗，或焚香，或读帖，或烹茶，又如书斋腻友，令人销魂。上敬公婆以尽妇道，亲操井臼以持家务，铅华洗尽，朴素天真，又宛然一贤淑村妇，让人钦佩。后人曾将董小宛和芸娘列为古代两位最可爱的女子，似乎一点也不为过。

饮茶时也是这样。

茶味有时浓，有时淡；有时深，有时浅；茶香有时透栗香，有时添花香、果香、甘香、腻香、奇香。同是一茶，烹法不同，饮用时间不同，品饮对象不同，都会得到不同的茶香、茶味。

从来佳茗似佳人，饮茶至极精微极平淡处，才能领悟此句的绝妙。

（苦茶和尚评曰：田子艺《煮泉小品》："茶如佳人，此论虽妙，但恐不宜山林间尔。若欲称之山林，当如毛女、麻姑，自然仙风道骨，不浇烟霞可也。必若桃脸柳腰，宜亚屏之销金帐中，无俗我泉石。"这是偏激之语，难免一股道学气息，使茶枯寂，反不如冷兄论茶之妙。

京华闲人评曰：闲人尝有句云："红袖试新茶，雪盏清波浮碧。浮碧，浮碧，暗透幽香些许。"佳人与茶本就难分。）

茶时：1996 年 10 月 15 日，午饭后

茶室：冷香斋

茶品：山南绿茶

水品：自煎水，水温 85℃

茶器：常用素壶、小盏

瀹法：先以 60℃水洗茶开香，然后瀹茶

一水：香清幽，入口鲜醇，后气香，后味甘，入口醇和，有津。舌尖潮，颊齿间觉一股平和之气徐徐而出。末三盏时，味稍重，盏底有香

二水：香菲微半盏，味鲜醇、滑爽，后气香，后味甘，有津。舌尖潮，舌面亦潮，至末盏时，茶味稍重

三水：仍有香，余后味，有津

秋来纨扇合收藏　何事佳人重感伤请托芳情

详细看大都谁不逐炎凉　晋昌唐寅

再说茶时

茶人瀹茶的时候，茶汤的香气、滋味有一个最佳时刻，在这个时刻品饮最为适宜，这个时刻就称作"茶时"。茶时是比较难以掌握的，因为时间很短暂，过了茶时固然不好，此时茶汤的香气、滋味都会有"老"的感觉；不到茶时就开汤也不好，因为茶叶的真性还没有充分发露出来，喝起来感觉会有些欠缺。一般而论，瀹茶后的一分钟内开汤较为合适，这时茶汤的香气、滋味最为甘美。冷香斋主人今日烹点山南绿茶就验明了这一点。茶人饮茶也如同僧人参禅一样，禅机只在电光石火间，稍纵即逝。古人云：学诗如参禅，冷香斋主人今天也说：饮茶如参禅。

（京华闲人评曰：何时开汤历来是最难把握的事情，即使是顶尖高手也视之为难点，亦犹烹饪之火候。闲人认为以"看茶论茶"四字为宜。）

茶时：1996 年 10 月 15 日，午后下起小雨，晚上雨住，空气湿润，秋容浅淡，洗漱毕，烹茶

茶室：冷香斋

茶品：屯绿茶

水品：打开水，水温 90℃

茶器：玻璃杯、小盏

瀹法：下投

一水：香幽微，入口稍苦，后味稍甘

二水：香渐发，透栗香，入口稍苦重、味淡，后味稍甘

三水：仍有香，入口淡

简评：吃茶如同吃甘蔗，节节滋味不同，香味也不同，不仅仅区别在一水、二水间也。今日屯绿作花香，香幽微，盏底香也不甚扑鼻，大概是投茶量稍少的缘故吧

茶俳（二）

之所以称作茶俳，是因为这些俳句都和茶有关，有些是直接以茶入"俳"，有些则是在茶池盏畔细吟而得，字字句句都浸着茶渍，散着茶香，既可入茶，又可佐茶，甚至可以当茶食消茶，称作"茶俳"最为贴切。

古人以书消茶，以禅入茶，冷香斋主人今日以茶入"俳"，以"茶俳"消茶，当亦功莫大焉，是为记。

日本桃山时代　黑乐茶碗

箫声幽怨长，吹绿盆菊绿罗裳，泥壶育茶香。

菊颜灿似金，翠袖分香啜绿云，吹箫相忆深。

秋雨细且寒，瓦盆绿水浮睡莲，梦觉鱼嘴贪。

菊英渐飘零，雀儿眼角明。

菊英半零落，蚂蚁摩拳又擦掌。

九月十六夜，和尚也推窗看月，凉却一瓯茶。

茶时：1996 年 10 月 18 日，午后烹茶

茶室：冷香斋

茶品：龙井茶

水品：自煎水，水温 85℃

茶器：常用玻璃杯、小盏

瀹法：上投

一水：香菲微，透栗香。入口甘软，后气香，后味甘淡，有津

二水：香幽微，后气醇和，后味甘淡，有津

三水：仍有香，入口甘淡，有津

茶与禅

近来体内烦闷，精神倦怠，无日不以茶相伴。日中一壶，晚间半盏，竟习以为常。刘琨《与兄子兖州刺史演书》："吾体中溃闷，常仰真茶，汝可置之。"我难道也像刘越石一样，需要以清茶来消解心头的积郁吗？

喝茶时每每喜好翻阅禅书，或晴窗，或秋夜，或春雨，或冬雪，茶香初发，书卷才开，以茶伴禅，以禅入茶，往往自成佳趣。茶味只在一时，琼浆玉液，过颊即空，总成梦幻空华。参禅也是如此。禅机只在电光石火间，稍纵即逝，快捷如箭。

《景德传灯录》记载了这样一则公案：药山惟严禅师有一天饭后在园子里散步，看到寺里烧饭的饭头，就问："你在寺院里

多长时间了？"饭头规规矩矩地回答说："三年了。"老禅师看了他一眼，说："我怎么一点也不认识你呀？"饭头莫名其妙，以为老禅师参禅参糊涂了，便走开了。药山问饭头的话，全是一片拳拳之意，只是为了点悟他，只是要启发他一点灵根，说至"我怎么一点也不认识你"时，禅机已如狂风骤雨，劈头盖脸打来，可怜饭头愚鲁，竟然"饭头惘测，发愤而去"。千载后读此，我为此僧叹息不已。

王老师（普愿禅师）也是位得道高僧，一天在园子里喝茶，看见一个小和尚从小径走来，就将杯底的残茶泼了过去。小和尚回头一看，见是普愿禅师，便露齿笑笑，王老师也笑笑，并翘起一只脚，小和尚不懂，王老师便起身回了方丈室。这小和尚却是个伶俐的，大概是读多了武侠小说的缘故吧，到了晚上便一个人悄悄来到方丈室，大有让师父传授上乘武功心法的意味。方丈室的门果然开着，王老师果然没有睡，正在打坐，看见小和尚，就问道："你来做什么？"小和尚行了礼，垂手道："师父今天在园子里用茶水泼我，是不是要提示我什么？"王老师看了他一眼，缓缓道："那么我后来翘起一只脚又是什么用意？"小和尚张口结舌，无言而退。在这两则公案里，禅机不迟不早，不紧不慢，只在一时，参得透便悟，参不透便"驴年也钻不出去！"那个被普愿禅师泼了一身残茶的小和尚事后虽有所领悟，

却已是错过了大好禅机。

秋夜岑寂，虫声唧唧，灯昏茶冷，掩卷太息：人生天地间，以无为有，以变为常，四时嬗递，悲苦交集。虽有佳茗，得之于一时片刻，过后便香消玉殒，总成空事。我佛言道："一切有为法，如梦幻泡影，如露亦如电，应作如是观。"天地本空，万法本空。我也空，人也空，书也空，茶也空。秋夜、虫声、忧苦悲伤也空，王老师、药山惟严、饭头、小和尚也空……那么何为禅？何为茶？何为我？何为人？何为药山惟严、王老师及饭头、小和尚？一切只是镜花水月、篱落蝶梦而已！

（苦茶和尚评曰：冷兄几证空矣。）

而我的以茶伴禅、以禅入茶也只是痴人梦语！

（苦茶和尚评曰：仍是梦语，犹有"这个"在。）

不知篱落梦醒时，蝶翅上是否染有茶香？

（苦茶和尚评曰：犹是梦中人，不免著相。此是冷兄可叹处，也是世人可叹处，更是山僧可叹处。

京华闲人评曰：冷兄有些感伤，有些消沉，勿忘"妙有"两字。苏子曰："唯江上之清风，与山间之明月，耳得之而为声，目遇之而成色，取之无禁，用之不竭，是造物者之无尽藏也。而吾与子所共适。"此语最能宽解人心。）

茶时：1996 年 10 月 30 日，上午，读书后烹茶

茶室：冷香斋

茶品：山南绿茶

水品：自煎水，水温 70℃

茶器：常用玻璃杯，小盏

瀹法：中投

一水：香清幽，味鲜爽，后气香，后味甘，稍有津

二水：香清幽，味鲜醇，后气香，后味甘，稍有津

三水：香幽微，味稍淡，余后气，有后味，稍有津

简评：今日茶稍有异，水之过？茶之过？杯盏之过？抑或人之过？因更洗杯盏，重新煎水，以解疑虑

茶品：山南绿茶

水品：自煎水，水温85℃

茶器：常用茶器一套

瀹法：下投

一水：香清幽，气氲氲，作花香，间有药香意。入口稍苦，盏底幽香。因疑此盏曾饮过屯绿茶，于是更盏，药香味去，透栗香，后味甘，有津

二水：香清幽，味醇和，后气香，后味甘，有津

三水：香甚微，味淡，有津

秋水（一）

　　黄昏时下起了小雨，放眼望去，雨雾迷蒙，枝头黄叶片片坠落，觉秋寒袭人。晚上雨似乎更大了，窗外黑沉沉的，只听见一片潇潇雨声，清冷中更平添了几分孤寂。常言道：一场秋雨一场寒，看来过不了几日，就要进入初冬了。

　　古人煎茶很注重取水，故《茶经》里有"山水上，江水中，井水下"的说法。对于雨水、雪水，古人也很推崇。明代屠隆《考槃余事》"择水"条说："天泉，秋水为上，梅水次之。秋水白而洌，梅水白而甘。甘则茶味稍夺，洌则茶味独全。故秋水较差胜之。"冷香斋主人平日饮茶苦于难得好水，因此听到雨声后心生欢喜，等到雨声盈耳时取盛水器洗净，放到露台上接雨水，约两小时，才接了不到半茶铫，如承甘露，如获至宝，小心翼翼地端放到茶几上细细评赏。秋水水质清淡，气味甘洌，有一股嫩黄瓜折断时的新鲜味道。小啜一口品尝，只觉甘淡清凉，寒香满口，和日常饮用水大为不同。明天用这样的水来烹茶，一定清绝无比。

　　（苦茶和尚评曰：闻雨声而心生欢喜，冷兄又著相矣。

　　京华闲人评曰：冷兄本色处，闲人随喜。）

又附：秋日饮茶，能破孤闷，慰寂寥，令人神清气畅。秋气肃杀而茶香氤氲，日饮清茶半盏，胜过一圭药。

黄鲁直曾对人言：一日不读书，觉语言无味。冷香斋主人一日不饮茶，便觉口中无味，若日饮清茶一盏，则心神自清，两盏，气亦清，三盏以上，是神仙境界。唐释皎然《饮茶歌诮崔石使君》"一饮涤昏寐，情思爽朗满天地；再饮清我神，忽如飞雨洒清尘；三饮便得道，何须苦心破烦恼"最能得茶真情，不必像玉川子那样，连吃七碗，如同吃酒一样。但必须是好茶，而且烹点得法，饮得其人（如冷香斋主人辈），不然，难免水厄之讥。

（苦茶和尚评曰：如山僧辈如何？

京华闲人评曰：闲人喜皎然亦在卢仝乃至陆羽之上。）

茶时：1996 年 10 月 31 日，午后，独坐瀹茶

茶室：冷香斋

茶品：龙井茶

水品：自煎雨水，水味甘淡，略带泥土气息。水温 85℃

茶器：常用玻璃杯，小盏

瀹法：中投。初注水，投少许茶于杯中，有浓郁的栗香味透出，稍后投茶，香馥郁，然后注满水

清　尹小霞、郑杰《松溪待茶图》（局部）

作品采用了中国传统山水画的高远法；山石高峻雄奇，中景有亭；近景的溪水旁有士人盘膝而坐；枝干遒劲的古树下，瓦炉活水，砂铫芳茗，二童子正从溪流中捞取茶盏，模仿曲水流觞典故。一场高山流水之间的小小茶事即将开场

一水：香浓郁，透栗香，入口鲜醇，余后气，后味甘淡，盏底香，有津

二水：香浓郁，入口鲜醇，略具苦涩意（在舌边）。余后气，后味甘淡，有津

三水：香微，味淡

秋水（二）

陆羽《茶经》里说："山水上，江水中，井水下。"这三种水之外，又有所谓天泉或天落水——即雨水、雪水及露水。雪水不能常得，而且水质阴冷，非藏之有年，不敢饮用。《红楼梦》第四十一回里写宝玉、黛玉、宝钗三人在拢翠庵饮"体己茶"，妙玉用来煎茶的水就是雪水——窖藏十多年的梅花雪水。露水则更为稀有，《庄子·逍遥游》篇中有"藐姑射之山有神人居焉，肌肤若冰雪，绰约若处子；不食五谷，吸风饮露"的描写。又据司马迁《史记》记载：汉武帝曾作仙人承露盘，采集月露，以作神仙之饮。可见，露水只合仙人饮用。与前两者相比，雨水则较为平常，一年四季都可收集到，因此可经常用来煎水瀹茗。田子艺《煮泉小品》里说："雨者阴阳之和，天地之施，水从云

下，辅时生养者也。"大略而言，春雨浓，夏雨浊，冬雨冷，只有秋雨最宜于茶。秋水白而洌，不仅能发茶香，更可益茶味，而且秋阴重重，秋雨潇潇，手倦抛书，烹茶最宜。

一年中虽只有数日可得秋雨，但对于如冷香斋主人辈视茶如性命者而言，已不啻上苍之厚赐，宜合掌恭敬而礼四方曰：南无阿弥陀佛！（三称）

（苦茶和尚评曰：如果天天念三遍南无阿弥陀佛，功德无量，冷兄宜于此处用心。）

茶时：1996 年 11 月 6 日，午饭后烹茶

茶室：冷香斋

茶品：明前毛峰茶

水品：自煎水，水温 85℃

茶器：常用玻璃杯

瀹法：下投

一水：香清幽，透栗香。入口鲜醇，后气香，后味甘，有津

二水：香幽微，味不稍减，后气醇和，有津。觉一股平和之气充溢于喉吻脾肺间

三水：仍有香，有余味，有津

饮茶的境界（一）

人生无论通达或偃蹇，亦无论悲苦或欢欣，都有一种意境在。苏东坡曾向客人道："唯山间之明月与江上之清风，取之不尽，用之不竭，是造物者之无尽藏也，而吾与子之所共适。"这也是一种境界。只有如苏东坡、吹箫客以及冷香斋主人辈或可得到。

饮茶也有饮茶的境界。

"煎以文烟细火，煮以小鼎长泉"，这是一种境界。

"琴里知音唯渌水，茶中故旧是蒙山"，这也是一种境界。

如果饮茶真有茶道的话，这种境界大概也算是一种"道"吧。

一旗一枪，一饮一啜，莫不是道。

喜读《金刚经》，喜佛陀平凡中的伟大，超然里的般若智慧。《法会因由分·第一》："尔时，世尊食时，著衣持钵，入舍卫大城乞食。于其城中，次第乞已，还至本处。饭食讫，收衣钵，洗足已，敷座而坐。"看，这就是佛，实实在在、真真切切的佛，没有虚构，没有经过修饰，没有脚踏祥云，也没有头顶放光，佛就像我们一样，穿衣、吃饭、洗碗、洗脚、收拾床铺、做功课，寓佛法于平凡中。《金刚经》之所以成为禅门宝典，正因如此。冷香斋主人也因此而稍悟佛法、稍悟茶道。

赵州问南泉："如何是道？"南泉答："平常心是道。"

僧人问青原行思："如何是佛法大意？"青原却问："庐陵米做什么价？"

茶友问冷香斋主人："什么是茶道？"答："洗盏去！"

（苦茶和尚评曰：莫要被他瞒过，也是口头禅而已。）

茶时：1996年11月8日，上午

茶室：家

茶品：太平猴魁茶

水品：自煎水，水温约80℃

茶器：常用玻璃杯

瀹法：中投

一水：香清幽，入口甘滑，稍有后气，后味稍甘，微有津

二水：香清幽，不减一水

三水：茶味稍淡，仍有香

茶形：散条形，色青绿，叶型稍大

香气：清香

汤色：淡绿，雅淡宜人

叶底：色翠绿，多为旗枪舒展，间有老叶

简评：太平猴魁茶形较好，香味高雅，汤色宜人，口味纯正、清淡，是很不错的一款绿茶。此次所购属中档茶，已能使人赏心悦目，极品可知

佳人如茗

般若味重重

诵《心经》时饮茶，饮茶时诵《心经》，可消磨壮志于茶香经味中。

茶有形，有色，有香，有味，得之于口，会之于心，然而过舌即空，总成梦幻空华，一如经中所言："色即是空，空即是色，受想行识亦复如是。"

饮茶至极淡处，方得真香、真味，方有"般若味重重"，方可以因茶入道。此时视玉川子饮茶七碗，不觉失笑。

（苦茶和尚评曰：冷兄快人快语，真人真语，奇人奇语，非我冷兄，谁人敢取笑连饮七碗苦茶的玉川子？

京华闲人评曰：闲人尝有诗曰："休去参禅且问茶，茶禅一味向心涯。品出山水风云色，自悟菩提树上华。"茶中确是"般若味重重"。）

人淡如茶

　　余病半载，废茶亦半载，日唯饮番茄叶一杯，茶渴可知。稍愈，即烹茶，数日间仅能饮一小杯而已。茶为去岁陈茶，香微味淡；水为打开水，枯涩粗老，聊具茶意而已。

　　友人馈赠碧螺春半听，苏州产，虽非真品（真品为洞庭山碧螺峰产），然采造亦精，瀹之极香，汤色淡绿如玉，味淡，几无后味，饮数次即罢。城市里水质低劣，用这样的水来瀹茶，不能发茶香、益茶味，殊觉可惜。

　　6月23日晚回归冷香斋，房间打扫干净后，连夜烹茶，以解我半年相思。

茶时：1997年6月23日，晚

茶室：冷香斋

茶品：碧螺春茶

水品：自煎水，水温偏高，约90℃

茶器：常用玻璃杯，小盏

瀹法：上投

一水：有极浓郁的花香，嗅之甘香入喉。因天热，难以入口，稍凉后饮茶，香气已微。入口微甘，味淡，后味甘淡，有津

二水：香味俱淡然，余后味，有津

三水：味极甘淡，微有香，有津

茶形：色苍绿，显白毫，半蜷曲状，嗅之有香

香气：甜香

汤色：淡绿

叶底：色嫩绿，多为芽，旗枪悉备，如兰初坼；间有老叶、虫叶、断叶及芽尖、残梗

简评：南国少女，雅淡宜人

无风荷动

夏夜烹茶

今夜烹茶，茶之色香味俱得，令人欢喜不已。井水水质较自来水为好，如果烹之以时，最能发茶真香、真味，最能快人心意。譬如董姬，身在青楼时只是一绝色女子，及归冒巢民后，其兰心蕙质始稍露，终成一代佳人。

夏夜烹茶，宜净室，宜古曲，宜杜门闭户以绝恶声，虽挥汗如雨，然啜清茗一盏，使人顿有清风明月之思，云烟雨雾之想，不惟可以解渴，亦可消夏。及饮茶毕，夜风送凉，夏月有光，此时茶思悄然幽然，宜读书，宜临帖，宜观画，宜焚香，宜独思，宜静坐。

惜无韵友佳人，为之一叹。

（苦茶和尚评曰：色尘难除，山僧亦为冷兄一叹。

京华闲人评曰：茶有出世茶，皎然"三碗即得道，何须苦心破烦恼"即是；茶亦有入世茶，卢仝《七碗茶诗》"便从谏议问苍生，到头还得苏息否？"即是；茶还有文士风流茶，白居易"遥闻境会茶山夜，珠翠歌钟且绕身"即是。）

茶时：1997 年 7 月 18 日，天气闷热，午饭后烹茶

茶室：家，空调开放

茶品：碧螺春茶

水品：打开水，水温80℃

茶器：常用壶、盏

瀹法：上投

一水：香气不甚明显，于平常品饮稍异，疑是水温稍高的缘故。但入口甚甘淡，后气香，后味甘淡，有津

二水：香气稍减，余后气，后味甘淡，颊齿间觉一种平和之气，徐徐入喉，有津

三水：仍有香，后味淡，有津

论饮

　　饮茶，不仅能消食、解渴、涤烦、破孤闷，更能由茶入道，达到天人合一、明心见性的茶禅境界。

　　茶之为物，得天地日月精华，受雨露阳光润泽，采之以时，造之以法，是上苍赋予其子民的无尽宝藏。茶有形色，有真香，有至味，茶性又非水不能发露。冷香斋主人常对人言：煎水、瀹

明 陈洪绶《停琴品茗图》（局部）
图中描绘了两位高人逸士相对而坐、边烹茗边谈古论今的场景：石案、铜炉、砂铫、蕉叶、莲花……室内古雅的陈设和画中人品茗的姿态相得益彰，充分渲染了隐逸的情调和淡洁高雅的高士情性

茶、饮茶、思茶，为茶道四件事。听松风盈耳，看旗枪尽舒，嗅幽香袭鼻，品甘淡润喉，啜英咀华，精骛八极，其中滋味，非笔墨所能形容其万分之一，应在"文火细烟、小鼎长泉"中细细领略。

祇树给孤独园，佛说《金刚般若波罗蜜经》曰："诸菩萨摩诃萨，应如是生清净心，不应住色生心，不应住声香味触法生心，应无所住而生其心。"茶人饮茶时，往往因色生心，因声香味触法生心，如此，就很难因茶入道了。

凡水声、汤色、茶香、茶味等，或盈之于耳，或遇之于目，或嗅之于鼻，或得之于口，但最终都会之于心。是因为我们这颗心，才生分别，才有了甘苦清香的感觉，才有了滑涩浓淡的区别。如果这样心随境迁，境因心移，如何能住？如何能生清净心？

茶之香、味，只在一时，随生随灭，过舌即空，若心有所执，觉茶香氤氲满盏，觉茶味甘淡滑爽，因而心生欢喜，便会沉湎于茶汤中，永世不得出头，却到哪里悟道去！

如果能透得过，心眼顿开，悟得诸法空相，色即是空，空即是色，绿云香雾，如梦幻泡影；蟹目鱼珠，尽是前尘影事；甘淡清爽，如露如电；此时万缘俱息而生清净心，壶间佛近在咫尺。

（京华闲人评曰：如果能如此，已得开悟，更无咫尺之隔。）

冷香斋主人往日饮茶，多耽于茶汤之香味，近日始稍悟饮茶心法，不知壶间佛何日可见？

（苦茶和尚评曰：山僧且问冷兄，壶间佛哪一日不可见？）

昔日灵山会上，世尊拈花说法，迦叶尊者破颜微笑，世尊即以正法眼藏付之，虽是陈年故典，仍使人向往不已。冷香斋主人今日饮茶，嗒然嘿然，冷香习习然，不知我佛当以何法相付？

（苦茶和尚评曰：若真有法相付，则不名为法；以实无法相付故，是真名法，冷兄意下何如？）

茶时：1997 年 7 月 30 日，午后

茶室：家

茶品：龙井茶

水品：打开水，水温 75℃

茶器：常用玻璃杯

瀹法：下投

一水：香气菲微，鼻端习习。入口甘淡、滑软，余后气，后味甘淡，稍有津

二水：香蕴藉，口吻喉舌间气味氤氲，胸腹间有一股平和之气

三水：香味竟不减，三水过后，盏中仍有余香，起人暇思

茶形：扁条形，黄中透绿，间有毫芽

香型：花香

汤色：淡黄，清亮

叶底：叶底嫩黄，多为旗枪舒展，间有断叶、残叶

简评：此茶系友人所赠，条形、汤色、香气、口味均佳。入口甘淡，初入喉，觉平和之气起于胸臆间，茶香氤氲而能持久，三水后仍有幽香。作花香，微有脂粉气，韵味稍嫌不高

清　顾洛　群芳品茗扇面

人淡如茶

饮茶说《三国》

词曰:

> 滚滚茶炉三沸水,松风淘尽世情。色香味触转头空,茶心依旧在,几处兰香浓。耕读渔樵茶盏畔,评说雅颂词风。一瓯香雪喜相逢,古今多少事,尽付笑谈中。

世间有好茶,唯清心淡泊之人饮之;世间有好诗,唯慷慨多情之人读之。今日看电视剧《三国演义》,听曹孟德横槊赋诗,慷慨激昂,启我忧思,因而煎水瀹茗,以消此情。

"对酒当歌,人生几何。譬如朝露,去日苦多。慨当以慷,忧思难忘,何以解忧,惟有杜康……皎皎如月,何时可辍。忧从中来,不可断绝。"悲壮的歌声和着凄婉的箫韵,几乎使我落泪。

(苦茶和尚评曰:冷兄自是性情中人。)

史书、小说类皆称孟德为奸雄,后人因之,特别是罗贯中的《三国演义》,更是家喻户晓,于是人人皆知孟德为奸雄。闲时观建安文学,首推曹氏父子为第一,而孟德之诗更为慷慨激昂，沉郁悲壮，如茶品中之老竹大方，老辣沉着，余味无穷。反观东吴、西蜀文字，如冬日行荒原上，满目了了。观孟德之诗，孟德之为人可知。"青青子衿，悠悠我心。但为君故，沉吟至今……山不厌高，水不厌深。周公吐哺，天下归心。"其胸怀抱负若此，宜成就大业。

（苦茶和尚评曰：冷兄为人，初交时多以为其人冷面冷心，实则古道热肠，交往愈久而真情愈出，慷慨激昂，壮怀激烈，有古君子之风。

京华闲人评曰：文如其人。观孟德之诗，知其心胸实非同时代他人所能企及。）

茶时：1997 年 8 月 13 日，午饭后

茶室：冷香斋

茶品：山南绿茶

水品：自煎水，水温 75℃

茶器：常用玻璃杯

瀹法：上投

一水：香清幽，透栗香，味清醇，余后气，后味甘，有津

二水：香清幽，味清醇，有津

三水：香幽微，味淡，有津

说茶食

可用来下酒的小菜很多，如五香豆干、炝拌莲藕、麻油笋尖等，随手拈来数则，俱可下酒。喝茶则好像没有什么合适的东西相佐，于是大多数人只是清饮。所以玉川子才会有连喝七碗清茶的诗篇流传下来，所以张岱和闵汶水论茶定交后才听到肠胃的抗议，所以茶才会有"水厄"之讥。

喝茶时吃的东西一般称作茶食。周作人在《喝茶》一篇中曾作过一些探讨："中国人喝茶时多吃瓜子，我觉得不很适宜，喝茶时所吃的东西应当是清淡的'茶食'……江南茶馆中有一种'干丝'，用豆腐干切成细丝，加姜丝、酱油，重汤炖热，上浇麻油，出以供客。"其实这样的"茶食"很不清淡，称作酒食倒更恰当些。如今江南一些茶馆里仍有各种茶食，多为点心，也有各种瓜子，这样的茶食用于解渴疗饥可以，于真正的品饮就不大合适了。

屠隆《考槃余事》里说："茶有真香，有真味……若必曰所宜，核桃、榛子、杏仁、榄仁、菱米、栗子、银杏、新笋、莲肉之类，精制或可用也。"这些茶食适不适合品饮暂且不论，即使适合，仅购买这些茶食原料就已经够麻烦了，更不用说"精制"，空使人有"渌水蒙山"之感慨。

元末高士倪云林曾独创了一种"清泉白石"茶，白石用核桃、松子肉裹以真粉制成，洁白如石，一杯在手，使人有清远简淡之志。把茶和茶食同放一杯饮用，大概应属快餐茶食之列吧。

其实喝茶根本用不着茶食，茶食不但能夺茶之香，更能夺其味。茶性高洁如君子，而茶食如小人，君子应远小人；茶香幽静如佳人，茶食如井市无赖，佳人应避井市无赖；茶味甘淡如禅，过颊即空，不著于相，而茶食如邪魔外道，禅不同于邪魔外道。所以玉川子写七碗茶诗时不曾吃茶食，张岱闵汶水论茶定交时也不曾吃茶食，冷香斋主人与两三茶友饮茶说茶时更不曾吃茶食。

平常饮茶，多在饭前或饭后，且必洁器洁手洁口洁心而后为之，以免使茶蒙冤。因此喝茶时吃茶食，大可不必。如果一定要的话，冷香斋主人以为，最好的茶食莫过于读书。

（苦茶和尚评曰：冷兄此论虽妙，尤未合山僧心意。山僧以为，最好的茶食莫过于诵经。冷兄意下如何？

京华闲人评曰：品茶时不宜有他事相扰，饮茶时最宜听琴与读书，喝茶时与雅客清谈为佳。）

茶时：1997年8月16日，午后

茶室：冷香斋

茶品：碧螺春茶

水品：自煎水，水温凉至70℃

茶器：常用玻璃杯，小盏

瀹法：中投

一水：茶香缭绕，菲微空蒙，入口淡，稍甘，后气薄，后味稍甘，微有津

二水：香、味淡于一水，后味甘淡，微有津

三水：香微，味淡，微有津

饮茶的境界（二）

周作人在《喝茶》篇中有一段话，我十分喜爱："喝茶当于瓦屋纸窗之下，清泉绿茶，用素雅的陶瓷茶具，同两三人共饮，

得半日之闲，可抵十年的尘梦。""瓦屋纸窗"在今天已不多见，也没有必要去刻意追求，我以为楼房玻璃窗就很好。至于茶具，宜兴紫砂壶当然是首选，壶不必名家，质地、式样、制作稍合意即可，奢侈一些还可配上茶池、茶瓯、茶盏、点香杯及茶匙、茶合、茶筷等，最能快人心意。有二三友朋品茗清谈当然很妙，然而善于清谈者未必懂得品茗，能品茗者又未必善于清谈，更无论那些既不懂品茗也不善清谈的朋友了。《黄山谷集》说道："饮茶一人得神、二人得趣、三人得味、六七人是名施茶。"所以平日饮茶，总是一个人的时候居多。一杯清茶，一纸闲书，一炉妙香，不但可抵十年的尘梦，也可了我半生的尘缘。

（京华闲人评曰："夜后陪明月，晨前对朝霞。"元微之饮茶之境也很好。）

茶时：1997 年 8 月 26 日，上午

茶室：冷香斋

茶品：君山银针茶

水品：打开水，水温 80℃

茶器：玻璃杯

瀹法：上投

一水：微有香，香气稍低沉，入口微苦，有后味，微有津

二水：香清幽，有一种特殊的酵香味，入口微苦，有后味，微有津，盏底有刺鼻的花香

三水：香幽，入口淡，有后味，微有津，盏底有香

茶形：条索形，色灰白，显毫

香气：幽香

汤色：淡黄

叶底：嫩黄，芽型粗大

简评：似罗浮仙人，有翩然出世之态

无风荷动

茶道威仪说

茶在唐代尚属粗放式饮法，茶粗、器糙，饮不得法。陆羽作《茶经》，细分十事，茶之礼仪稍备。至宋、明时，茶道昌盛，茶之礼仪具备。历清而降，茶道堕落，使人叹惋。

冷香斋主人平日饮茶，必先洒扫净室，洗涤器具，盥手、更衣，然后烹茶。观之，嗅之，饮之，思之，以尽茶情。

古德云：学佛乃大丈夫事。学佛必须万缘俱息，所谓悬崖撒手，绝处承当，非大丈夫谁能为此？

冷香斋主人曰：饮茶也是大丈夫事。饮茶时必须万念俱寂，如老僧参禅，如寒江独钓，如枯蝉附木，或许能品饮出茶中三昧。如果心存俗务，或钱财，或官位，或丈夫志短、儿女情长，凡此种种，皆不能饮茶。

曾看到这样一则笑话：一男子与一女子赌约，女子反悔，男子道："大丈夫一言既出，岂可反悔！"女子嫣然道："我不是大丈夫，我是个大姑娘！"

唐代怀海禅师住持百丈山时，威仪自备，戒律森严，曾手订《百丈清规》以为天下禅林准则。大师躬耕自律，有"一日不作，一日不食"之语流播寰宇，为禅门积福不少。

冷香斋主人以为，茶中有道，茶中有禅，茶道如禅道，都应"威仪自备"。饮茶而有礼仪，这礼仪不仅可以使饮茶程式化、规范化，更可以使人生恭敬心，更能体味出茶中三昧。

古诗言道："其仪不忒，正是四国。"据《礼记》记载，孔丘仲尼家居时，礼仪不废。又据佛经记载，佛在世的时候，有位马胜比丘威仪很好，还是外道的舍利弗在路上遇见马胜比丘，看到他威仪庄严，不禁大为赞叹，遂和他一起来到祇树给孤独园，拜佛为师，出家修行。可见礼仪在治国、修身乃至治学、修道方面都有着十分重要的作用。如能将之应用到茶事上，不但能更加体现出茶人的道德修养和人生境界，也会为"茶门"修德积福，因此作茶道威仪说，以供天下爱茶人参考。

（苦茶和尚评曰：冷兄若入我佛门，可为一代高僧，不知山门前能容我冷兄畅饮七碗茶否？

京华闲人评曰：茶是生命，烹茶之时需身正、心静、意闲、神宁，须尊重茶。冷兄更命之以威仪，闲人甚喜。）

茶时：1997 年 8 月 28 日，晚

茶室：家

茶品：黄山雪芽茶

明 沈贞《竹炉山房图》

画中山峦耸立，老树槎桠，山岩脚下，清溪湍流，杂树、山房、水榭、庭院错落其间。山房内一僧一俗对坐闲谈，门外一沙弥在竹林下正用竹炉烹茶，似有清香弥散其间，而溪畔则又有一人捧物寻径而来，一场僧俗之间的茶会即将展开

水品：打开水，水温 75℃

茶器：常用玻璃杯

瀹法：上投

一水：花香空蒙，甘甜，入口甘淡，余后气，有后味，微有津

二水：花香馥郁，入口甘淡，有后味，微有津

三水：仍有香，入口淡，微有津

茶形：条索状

香气：花香

汤色：淡绿

叶底：翠绿宜人，多为嫩叶，芽叶，间有老叶及虫叶

简评：蓬门荆钗，天然幽香

秋水（三）

古人论水，山水上，江水中，井水下。现代人居住闹市丛中，等而下之的井水尚且不能得，何论江水、山水？日常饮用的自来水经沉淀净化处理后，虽然也洁净，但水味苦涩，用来

浇灌兰花多不能活，何况瀹茶？用这样的水烹茶，无异于俗手抚琴，败人清兴。

冷香斋主人僻居野处，远离城市及现代文明，原是无可奈何之事，幸有茶可饮，幸有书可读，幸有兰可养，聊慰寂寞情怀。井水随时可饮，就是山水也偶尔可得，可谓不幸中之万幸。更有一种天落水（即雨水），也时有所得，曾烹点秋水瀹茶，真能发茶香，益茶味。秋水白而冽，淡而甘，佳茗好水，相得益彰，让人欣喜不已。收集秋水应在久雨之后，而且不接雨头，不收雨尾，这样的天落水才堪饮用。

用自来水煎茶，必须放置一昼夜才可饮用，若能放一两块洁净山石同煮，水味会好一些。田子艺《煮泉小品》里说："择水中洁净白石，带泉煮之，尤妙，尤妙。"

好的饮茶用水应具备四个字：清、活、甘、冽。

（苦茶和尚评曰：古人云，十分茶事，七分水功。冷兄论水若此，山僧已嗅得茶香矣。）

茶时：1997 年 9 月 8 日，上午

茶室：冷香斋

茶品：老竹大方茶

襄啓暑熱不及通

謁所苦想已平復日夕

風日酷煩苦熱竇可避人

生鞰領如此可歎人

精茶數片不一　襄上

　　謹左右

　　　　宋　蔡襄《暑熱帖》

水品：打开水，水温 85℃

茶器：常用素壶、点香杯、小盏

瀹法：下投，揭盖，约两分钟后开汤

一水：香气清幽、深长，入口滑爽，微有苦意，后味甘香

二水：茶香益出，余后气，后味甘香

三水：仍有香，味稍淡

茶形：形状似龙井，色泽油润，绿中透黄，间有毫，干茶嗅之有草木清香

香气：幽香

汤色：绿中透黄，气韵高雅

叶底：嫩黄、稍肥大，多为两旗一枪

简评：古朴厚重，如仁人君子

老竹大方（一）

今日喜得老竹大方，快乐不减灵云初见桃花时，此中况味，"只许佳人独自知"，不足为俗士道也。携茶归，用盛放碧螺春

茶的茶罐储藏。碧螺春茶还剩一些，为末，为毫，投进用开水烫过的玻璃杯里，不一时，杯中香气氤氲，茶意空蒙，连忙以盖覆杯，重新煎水瀹茶。

茶时：1997 年 9 月 8 日，上午

茶室：冷香斋

茶品：碧螺春茶

水品：自煎水，水温 75℃

茶器：常用玻璃杯

瀹法：下投

一水：香雾霏霏，入口甘淡，后味甘淡，后气甘香

二水：香氤氲，味甘淡，呼吸间皆有茶香

三水：仍有香，味极甘淡

茶形：卷曲形，色苍绿，显毫

香气：花香

汤色：嫩绿色，水面有毫尘

叶底：嫩绿，多为嫩芽，间有断叶、残叶

简评：春妆少女，娇香袭人

论茶香味

茶有真香，非他香可比；茶有至味，非他味可拟。要之，全在于喉吻肺腑间，其空灵清虚之意境，只可意会，不可言传。正如黄山谷所说的"口不能言，心下快活自省"。

世传禅宗滴髓一脉，最重心心相印，不落言诠。禅道如此，茶道亦如此。

冷香斋主人今日不惜眉毛拖地，强言茶之香、之味，虽是极平常家语，却全从实证中来，得之于口，会之于心，形诸笔墨，得失之处，还望同道茶人指正。

1. 茶之香：香有清浊，有沉浮，有短长，有出世入世之分，有婉约粗放之别，茶人不可不知。今略分为：浓香、甜香、幽香、清香。

浓香如姚黄魏紫，如太真浴罢，香气馥郁。

甜香如月下秋桂，如豆蔻梢头二月初，其情最娇。

幽香如空谷幽兰，如潇湘馆黛玉抚琴，其韵独高。

清香如夏荷初露，如西子晓妆，清芬袭人。

浓香、甜香性浊而沉，属阴，是入世香。

清香、幽香性清而浮，属阳，是出世香。

浓香、清香、幽香、甜香都有婉约粗放之别，婉约则香气幽雅深长，粗放则粗疏短浅，茶香以婉约为贵，粗放为贱。

清香、幽香最宜山林，最宜独处，最宜读书。

东坡有言：从来佳茗似佳人，譬喻绝妙。

2. 茶之味：味有甘苦，有轻重，有厚薄，有老嫩软硬之别，有滑利艰涩之辨。茶有六味，清、甘、滑、嫩、软、厚。

（苦茶和尚评曰：读此等文字，山僧赞叹一回，叹息一回；叹息一回，又赞叹一回。赞叹冷兄品茶、论茶之精微，叹息冷兄蒙于六尘、耽于世味而不悟，良可叹息也。

京华闲人评曰：冷兄所论乃一茶之香，尝有茶人论众茶之香，亦甚有趣。概而论之，茶香数十种，以花香为最佳；花香数十种，以兰花为最佳；若香且带韵，为极品。）

茶时：1997 年 9 月 9 日，上午

茶室：冷香斋

茶品：顶谷大方茶

水品：打开水，水温 80℃

茶器：常用玻璃杯

渝法：中投

一水：香气清幽深长，入口甘爽，余后气，后味甘，气味中和，微有津

二水：香清幽，入口甘爽，稍有涩意，微有津

三水：香幽微，入口淡，后味甘淡，稍涩舌，喉间甘润，微有津

四水：香微，茶碱味稍出，不饮

茶形：外形扁平匀齐，挺秀光洁，色泽油润、稍黯淡，浅绿中透微黄，有毫

香气：幽香，香气清幽而长

汤色：淡黄

叶底：黄绿，多为一芽两叶，偶有虫叶

简评：古朴大方，如仁人君子

煎水（二）

古人煎水，皆贵活火。苏东坡尝言：活水还须活火烹。所谓活火，是指有火焰的火，譬如木炭、劈柴、竹节、松枝等燃烧时的火都是活火。现代人多用煤球、煤气、天然气，虽然也是活

火（有火焰），但不可用来煎水。煤球、煤气、天然气燃烧时会有一股异味，这会影响水味。也有人用酒精炉煎水，虽是活火，但火力差小，难以达到"松风桧雨"的煎水境界。

冷香斋主人以为，用电炉煎水就很好。电炉虽不是活火，却是明火，而且方便洁净，最宜于水。最近又看到一种称做"随手泡"的煎水用具出售，底座是一个封闭式电炉，上面一个钢精烧水壶，用来煎水很是方便。可惜连"明火"都看不到，更无论"活火"了，而且价格也不便宜，不合茶道"俭德"。

（京华闲人评曰：现在"随手泡"已很普遍了。）

煎水用具以陶瓷制品为佳，既不败水味，又耐火。不锈钢壶、铝壶也可用。也有人用搪瓷制品煎水，但注意一定不能有掉瓷，不然，铁锈一入，即成沟渠间弃水。电炉的瓦数应在600瓦左右为宜，瓦数小了水沸得慢，太大又不易"候火"。冷香斋有一小电炉，才500瓦，有一紫砂提梁壶，可容水600毫升，煎水约十几分钟即沸，十分便利。

茶时：1997年9月25日，上午，天色清明，微有寒意，独坐瀹茶

无风荷动

茶室：冷香斋

茶品：龙井茶，黄山云雾

水品：自煎水，水温80℃

茶器：常用玻璃杯

瀹法：上投

一水：黄山云雾：香清幽，气稍沉寂，入口滑嫩，汤色稍清亮。

龙井茶：香馥郁，茶着水面，有浓郁的栗香味，透盏而出，

直袭鼻端。入口滑嫩、鲜爽，后气香，汤色清淡

　　二水：黄山云雾：香清幽，入口稍重，有津

　　龙井茶：香寂然，入口淡

　　三水：黄山云雾：香微，味淡，有津

　　龙井茶：香杳然，味淡，有津

论投

　　投茶有上投、中投、下投之分。上投时，茶着水面，香气百出，有花香、果香、草木的清香……茶香缭绕，沁心沁脾，最为快意。如贾宝玉梦游太虚幻境，众美齐集，异香纷沓，使人销魂。至二水时，茶香渐消，至三水，香已寂灭，空使人有渌水蒙山之叹。

　　冷香斋主人论投茶曰：投茶不但和茶品、水温有关，还和季节有关。夏宜上投，秋宜中投，早春、深秋、残冬宜下投。夏季宜用上投，因为瀹茶的水温偏低，上投后茶叶缓缓沉入杯底，既可观赏茶形，又能发茶香味；秋季宜用中投，因为瀹茶的水温稍高，若用上投，一水时固然茶香缭绕，但至二水、三水时，茶香渐消甚至寂灭，使人饮恨不少。至于

秋冬之季及早春，则宜下投，沸水冲瀹后一分钟内即可开汤，最能发茶真性。

另外，一些茶形松展的绿茶，如黄山毛峰、黄山云雾、太平猴魁等，如用上投，茶叶浮聚水面不易下沉，可改用中投或下投。而一些茶形较为紧结的茶品，如洞庭碧螺春、信阳毛尖、蒙顶甘露等，则宜用中投或上投。至于乌龙茶类，则都用下投，沸水高冲急注，茶沫浮聚，茶香四溢，最能快人心意。

投茶又有深浅，有时候，有消息，茶人不可不知。

瀹茶至此，心智路绝，语默双亡，只在会心。

明代张源著《茶录》，论投茶曰："投茶有序，毋失其宜。先茶后汤曰下投。汤半下茶，复以汤满，曰中投。先汤后茶曰上投。春秋中投。夏上投。冬下投。"言简意赅，深得投茶三昧。

（苦茶和尚评曰：论"投茶"精微如此，非道而何？山僧为冷兄拊掌不已。

京华闲人评曰：投茶之法为泡茶中重要一环，冷兄所论颇为精彩。）

茶时：1997 年 10 月 7 日，上午，秋晴，作一丛墨兰后，烹茶

茶室：冷香斋

茶品：老竹大方茶

水品：打开水

茶器：常用砂壶、点香杯、小盏

渝法：中投

一水：（水温 70℃）香清幽，味甘淡，余后气，后味甘淡，稍有津

二水：（水温 85℃）香清幽，味稍重，后味甘淡，稍有津

三水：（水温 70℃）香清幽，味淡，有后味，稍有津

四水：（水温 80℃）仍有香，味淡，不饮

兰说（一）

兰草入画，始于唐代殷仲容，五代徐熙也喜好画兰。南宋赵孟坚在宋亡后隐居不仕，画兰以示其志。传说赵孟頫是他的堂弟，虽名列元四家之一，却从不画兰。因为赵孟頫入元为仕，有失节之嫌。不过宋元时期传世墨兰作品中赵孟頫所占比例不小，约有十数幅，可见传说总归是传说，不可据以为实。子昂旷世奇才，诗书画品俱精，他画的兰花，格调俊逸疏淡，良多天趣，不

失为一代名家。

南宋另一位画兰名家是郑思肖。

思肖字所南，为南宋末著名画家。他感叹宋室消亡，画兰从不画土，以抗议异族入主中原。元朝"邑宰闻其精于画兰，不妄与人，贻以赋役取之。（所南）怒曰：头可得，兰不可得！邑宰奇而释之"。所南人品如此，其笔下丛兰精神风骨可知。

《芥子园画谱》论画兰源流时说道："写兰始于郑所南……"兰不曰画而曰"写"，是因为从所南、子昂开始，以书法入兰，以笔墨入兰，以雅趣入兰。从此，这寻常的兰草才真正有了灵魂，成为文人雅士笔下一个清幽高洁的物象。

自所南而下，写兰名家代不乏人。元代李衎、赵雍、普明和尚，明代文徵明、仇英、周天球、徐渭、孙克弘、马湘兰，清代朱耷、王铎、石涛及郑板桥、李方膺等，均以善写兰草而名闻当世。马湘兰写兰，幽姿清影，笔墨雅洁，如空谷佳人，香清而益远。板桥写兰最见笔力，后人评道："板桥写兰如做字。"画面多配以长石丛竹，诗、书、画并称三绝。李方膺写兰则疏放潇洒，有时作残叶，有时作枯叶，有时叶如乱麻，有时叶似断戟，老笔纷披，墨香横溢，最能得兰精神，一纸在室，此生足矣。

到了近代，写兰名家寥寥。"兰痴道人"虽有《百兰图》刊本行世，然画幅多凌乱潦草，难以入谱。署名胡郑卿的《醉墨

轩画稿》里有墨兰数幅，多掩映在药炉、山石、瓶花、菖蒲间，笔墨虽遒劲精到，但不以兰为主，尚不能入谱。能变古法而自成一家者，当首推安吉吴俊卿。吴氏写兰，间以篆隶古籀之法，笔墨苍老华滋，富于金石气。当代写兰名家了了，潘天寿、李苦禅、王雪涛辈虽也画兰，但并非所长，尚难登堂入室。古人云：一世兰，半世竹，可见写兰之难了。

兰性至清至洁，同茶一样，都可作为书斋雅供。昔年孔夫子自卫返鲁，见空谷中芝兰独茂，感慨系之，停车鼓琴，作《猗兰操》一曲，流传千古。冷香斋主人于茶事外，稍及兰事，以益我茶德，是为记。

（苦茶和尚评曰：冷兄养兰、爱兰、写兰，正如他饮茶、爱茶、写茶一样。其人品如此，其兰品、茶品可知。

京华闲人评曰：茶香亦以兰花香为最，当合冷兄之意。）

茶时：1997 年 10 月 8 日，下午，秋阴微雨，吹第一曲，烹茶

茶室：冷香斋

茶品：老竹大方茶

水品：自煎水，质稍老，水温 75℃

茶器：常用砂壶、点香杯、小盏

瀹法：中投

一水：香清幽而深长，味甘淡，后气香，后味淡，盏底幽香，口齿间稍有缠绵之意

二水：香清幽，味甘淡，后味淡，稍有津

三水：香稍减，味淡，稍有津，口齿间缠绵之意略长

茗壶说（二）

　　壶以宜兴紫砂壶为首选，壶宜小不宜大，盖宜盎不宜砥，嘴缘宜平直，形制宜古朴。壶不必名家，不必古董，只要质地、制作、样式稍合己意即可。

　　（京华闲人评曰：会家子语。）

　　茶时：1997 年 10 月 10 日，重阳节，晴。早上在野外采挖回小竹一丛，植于瓦盆里，铺以细苔、嫩草，配以山石，疏秀可爱。又捉回螽斯、豆娘、蚱蜢等秋虫数个，点缀于苔草竹叶间，有清秋野趣，流连半日，放回野外，写兰竹数丛后，烹茶

　　茶室：冷香斋

　　茶品：太平猴魁茶

　　水品：自煎水，质稍老，水温 75℃

　　茶器：常用玻璃杯

　　瀹法：中投

　　一水：茶初投后，干香透盏，再注水，香气幽微，有幽兰意；味淡，后味甘淡，稍有津

　　二水：香幽微，味甘淡，后味甘淡，稍有津

　　三水：香微，味淡，稍有津

　　简评：饮太平猴魁茶，后气略有辛辣意，从第一次品饮时即如此，不解何故

兰说（二）

　　写兰竹最具法度，撇叶有凤眼，有螳螂肚，有鼠尾；攒根有草叶根，有鲫鱼头；写竹叶有个字，有分字，有介字，有鱼

尾、落雁等，不可不知。此是初禅境界。若真能写兰竹时，法度贯通，笔墨传神，能写出竹叶的阴阳向背，能写出兰花的幽姿娇态；有风霜雨雪，有四时荣枯，有疏密，有浓淡，有肥瘦，有短长，笔笔写去，俱见笔情墨趣。此是辟支声闻境界。若真能写兰竹时，则于笔墨之外，更具自然真意，信笔写来，无法而法度自备。此是大乘菩萨境界。

祇树给孤独园，佛说《金刚般若波罗蜜经》已，问须菩提道："须菩提，于意云何？如来有所说法不？如来得阿耨多罗三藐三菩提不？"须菩提答道："不也，世尊。如我解佛所说意，实无有法名阿耨多罗三藐三菩提，亦实无有法如来可说。"

冷香斋主人今日作《兰说》，如有人解我所说意，当知实无有法名为墨兰写法，亦实无有法冷香斋主人可说，故作《兰说》之二。

（苦茶和尚评曰：窜入我佛辞意，冷兄大不检点。山僧宜沐浴诵经七日，为冷兄忏悔。

京华闲人评曰：善哉，从身语意之所生，一切我今皆忏悔。）

茶时：1997 年 11 月 14 日，午后，晴。野外麦苗初生，经

雨后青翠满眼，作一纸篆书后，烹茶

　　茶室：冷香斋

　　茶品：黄山雪芽茶

　　水品：自煎水，稍老，水温70℃

　　茶器：常用玻璃杯

　　瀹法：下投

　　一水：香气清幽，后气甘香，味极甘淡，稍有津；后味淡，稍甘，汤色淡绿，叶底翠绿，盈盈可爱

　　二水：香稍减，味甘淡，稍有涩舌意，稍有津

　　三水：香仍在，味淡，余后气，有后味，稍涩舌，稍有津

人淡如茶

　　古诗中有"人淡如菊"的句子，每当吟诵时，心底常生欢喜，以为胜过"人比黄花瘦"许多。菊能瘦，人也能瘦，"衣带渐宽终不悔，为伊消得人憔悴"，柳永词可证。菊能淡，人未必能淡，又未必能淡如秋菊，因为六根未清净的缘故。"毫端蕴秀临霜写，口角噙香对月吟"，黛玉诗可知。

饮茶至极淡处，不但汤色淡，香味淡，人也淡，心也淡，然而极淡处却自有一种甘淡清香在，此中况味，非身具泉石膏肓之疾者不可与语。明末文人陈贞慧，在其所著《秋园杂佩》里品评上品岕茶时说："色、香、味三淡，初入口泊如耳，有间，甘入喉，静入心脾；有间，清入骨。嗟乎！淡者，道也。"

饮茶至极淡处，宜曰：人淡如茶。

人淡如茶，方能得茶中之道。

（苦茶和尚评曰：不若人淡如禅。

京华闲人评曰：岕茶为明代茶中极品，采摘较晚，香如野花，园生无上品。于茶中别具一格。）

茶道礼法

茶人饮茶，或独饮，或二三好友共饮，瀹一壶之清香，得半日之清闲，自有闲散清寂的意趣在里面。其间虽无尊卑之分，贵贱之论，然而却极具礼法。茗壶列张，炉鼎毕陈，盥手清心，然后煎水瀹茶。候汤有老嫩之辨，投茶有上下之分，其间法度森严，礼仪具备，非精行修德之人不能胜任。

老子《道德经》有言："人法地，地法天，天法道，道法自然。"法备故礼仪在，饮茶而有礼仪法度，因而成道。

昔年怀海禅师住百丈山时，有感于天下丛林禅魔风行，正道衰微，于是制定《百丈清规》为天下则，从此法度具备，正声始振，禅宗因此得以流传后世。茶道自唐陆鸿渐编纂《茶经》始，礼仪稍具，至宋而齐备，至明清而衰，至今而废。世事冗碌，尘缘如梦，冷香斋主人常有感于此，于是不揣简陋，粗订茶道礼法十五条于后，为天下则我所不敢，然而以此为茶人自律，则固所愿也。

一、茶品须稍精。粗茶、霉茶，有异物、异味的茶不可饮用。夫子割不正尚且不食，何况饮茶。（闲人评曰：然。）

二、茶器须稍备。除常用的壶、盏、杯外，更可添置茶池、茶局、瓯注、茶巾、茶合等器具，以备茶事。茶器须极洁净，不可有尘垢异味，最忌俗客用手摩挲，可专备一块丝巾或棉质细布，以供抹拭茶器用。（闲人评曰：然。）

三、藏茶须仔细。家居饮茶，多为半斤八两，用通常的茶罐既可。最好先将茶叶放入无异味的塑料袋（最好用锡箔袋）封口后再放进茶罐，这样的茶可保存一至两个月。藏茶不可用纸袋，因为纸袋能吸茶香的缘故。（闲人评曰：有些茶需冷藏。）

四、用水须讲究。陆羽《茶经》里说："山水上，江水中，

清 钱慧安《烹茶洗砚图》

两株虬曲的松树下，有傍石而建的水榭，一文士倚栏而坐。榭内琴桌上置有茶具、书函，一侍童在水边涤砚，数条金鱼正游向砚前；另一侍童拿着蒲扇，扇炉烹茶。炉边还放有一个色彩古雅的茶叶罐。

烹茶的小童正侧头观看一只飞起的仙鹤。

此情此景正画出了那幅名联所描绘的意境：『洗砚鱼吞墨，烹茶鹤避烟』

无风荷动

井水下。"然而现代人生活居住在都市里，只有自来水可饮，等而下之的井水尚且不易得，更遑论江水及山泉了。自来水是经过净化处理后的生活用水，用来烹茶时最好先放置一两个小时，凡浑浊，有异味、异物的水不可饮用。

五、瀹茶须得法。茶品有绿茶、红茶、花茶、乌龙茶、白茶、黄茶及黑茶之分，茶器有紫砂壶、玻璃杯、盖瓯、青瓷茶瓯之别，水有温、沸、老、嫩之论，投茶有上投、下投、中投之说，因此对不同的茶品，在不同的季节应采用不同的茶器瀹茶，这样才能得茶品真味。（闲人评曰：然。）

六、饮茶须精行修德之人。（闲人评曰：最宜。）

七、饮茶须清心寡欲之人。（闲人评曰：最宜。）

八、酒肉后不饮。（闲人评曰：不宜。）

九、吸烟时不饮。（闲人评曰：不宜。）

十、身体有病时不饮。（闲人评曰：有些病。）

十一、心绪不宁时不饮。（闲人评曰：茶可安神。）

十二、气候异常时不饮。（闲人评曰：不尽然。）

十三、忌恶声恶味。（闲人评曰：然。）

十四、忌客有恶趣。（闲人评曰：然。）

十五、忌因茶结交。(闲人评曰：善缘有何不可？如与我冷兄。)

（苦茶和尚评曰：饮茶有"七须五不三忌"之说，冷兄茶法太严，恐世人无处承当。

京华闲人评曰：和尚说的是。茶以和为先，和以容为先，与不同的人自有不同的饮法。）

茶时：1997年11月26日，上午。冷雨，听琴箫古曲，烹茶

茶室：冷香斋

茶品：老竹大方茶

水品：自煎水，水温85℃

茶器：常用玻璃杯

瀹法：下投

一水：香清幽，入口淡，后气香，后味稍甘，喉间润，稍有津

二水：香稍减，入口淡，余后气，后味稍甘，微有津

三水：香幽微，味淡，仍有后味，微有津

无风荷动

老竹大方（二）

　　今天是最后一次品饮老竹大方，不知明年还能得遇此古朴君子否？古诗云"年年岁岁花相似，岁岁年年人不同"，世事无常，人情易老，思之徒增伤感而已。

　　今年是我的本命年，身体一直不适，今日忽作此伤感之语，不知主何吉凶？

　　（苦茶和尚评曰：此等吉凶悔吝之语，山僧最不喜欢。）

明　文徵明《惠山茶会图》（局部）

画面描绘了正德十三年（1518）清明时节，文徵明同书画好友蔡羽、汤珍、王守、王宠等游览无锡惠山，饮茶赋诗的情景。碧岩苍松之下，两人款款清话，茅亭中两人隔井阑对坐；茅亭外设风炉、茶几，一童子正在煎水烹茶

　　陶彭泽尝有言道："人生无根蒂，飘如陌上尘"，人生如此，日饮佳茗一盏，复有何憾！

　　因此想到前几天曾在某茶叶店看到一种乌龙茶，色泽金黄，白毫显露，嗅之幽香宜人。店家说是秋香，又名黄金桂（笔者按：秋香是指秋天采摘的铁观音，香气胜过春茶，而味稍逊。黄金桂则是别种，虽也属乌龙茶类，但非铁观音。此茶色泽茶形均佳，应是黄金桂无疑），因价昂，未购，然而几天来此事一直梗于胸次，下次回城，一定小购数两，慰我寂寞情怀。

（苦茶和尚评曰：冷兄也是吝啬人，莫非要山僧施舍些灯油钱不成？）

茶时：1997 年 12 月 4 日，早迟起，凭窗望去，园中田里寒霜岑岑如雪，颇觉清寒。略用过早点后，烹茶

茶室：冷香斋

茶品：黄金桂茶，约三分

水品：自煎水，嫩

茶器：借隐小壶、茶池、茶盏、点香杯、茶则、茶合等

瀹法：下投

一水、二水：茶香习习然，清雅宜人。入口爽淡，后气香，后味甘淡，汤色淡黄，饮过一两盏后，吹息间皆有兰意，使人心脾俱清，有飘然飞举之思。盏底留香，稍有津

三水：香仍不减，味甘淡，余后气，后味甘淡，稍有津

四水：香稍减，味淡，余后气，后味淡，汤色淡，稍有津

五水、六水：香幽微，味淡，后味淡

七水：香杳然，味淡甚，略饮数口即罢

茶器略说

冷香斋主人平日饮茶，也必然郑重为之。凡煎水、备茶、投茶、瀹茶、分茶、饮茶等，皆有法度，不敢稍懈。

茶性如立德君子，极洁极净；又如人家初学子弟，最易沾染恶习。因此烹茶时备茶也很重要，不可草率从事。常见俗客瀹茶，随手从茶罐里捏一小撮茶投进壶里，冲水、加盖，古往今来，不知有多少好茶佳茗就这样被断送掉了，每一念及，使人痛心疾首不已。

人手极不洁净，常有污渍汗迹，最易败茶，因此备茶时万万不可用手去抓。最好备一方纳茶纸，一把茶匙，将茶从茶罐拨出到纳茶纸上，然后投茶。如果一时间没有纳茶纸、茶匙等物，可将茶从茶罐里倒出一些在茶罐盖或者手心上，然后投壶，这样茶罐里的茶便不会沾染异味了。当然这只是一时的权宜应急之举，不可经常效仿。

目前店铺里都有茶合、茶匙、茶筷、茶簪及盛放这些器具的茶筒（茶局）卖，大多用毛竹制成，色泽牙黄，做工也稍可人意，喜好饮茶的朋友不妨置此一筒，以益茶德。

冷香斋中诸如此类茶道器具多为自制，取料也很考究，用的是江南紫竹。紫竹多用来制作箫笛，质地细腻，色泽秀润高雅，用来供奉茶事，最为古朴雅洁。冷香斋主人雅好吹箫，购有紫竹箫数把，北方气候干燥，南国之物多难以禁受，因此或裂或废，没有余下几支，令人痛惜不已。又不忍心丢弃，于是剖作茶具，聊慰情怀。近年来紫竹质地粗劣，色泽黄老，略具紫斑而已，难以入品。冷香斋中藏有十年前紫竹箫一管，已裂，已残，已不能吹奏，制成茶道器具后坚挺细腻，类如紫玉，令人宝爱异常。

工欲善其事，必先利其器。百工尚且如此，何况饮茶？故记。

（苦茶和尚评曰：其紫竹茶合、茶则等物山僧也领教过，古雅有致，最宜于茶，最宜于冷兄，冷兄宜宝爱之。）

茶时：1998年1月6日，上午

茶室：家

茶品：铁观音茶，约三分

水品：磁化壶烧水

茶器：新购注春壶，小盏

瀹法：下投

一水、二水：香馥郁而清幽,气息悠远深长,有兰意。入口稍苦,味稍嫌寡淡,后味亦寡淡,后气香,少津

龙文堂纪念铁瓶

龙文堂戏虾铁瓶

无风荷动

三水、四水：香仍馥郁，入口稍淡，后味稍甘，后气香，少津

五水、六水：香稍减，味淡，喉间有蜜味，余后气，稍有津

七水：仍有香，味淡，后味淡

茶形：色墨绿、油润，茶形稍小，干茶嗅之有香

香气：花香，透兰意

汤色：淡黄

叶底：叶稍厚，间有断叶

简评：此次所购铁观音茶，据说采自溪涧崖畔，因此甘香浓冽，为茶中珍品。此茶十分耐泡，七水以上仍有香。因评之曰：幽居君子，风韵绝佳

说茶香

黄龙德《茶说》曰："茶有真香，无容矫揉。""或水火失候，器具不洁，真味因之而损。"苏东坡与司马温公论茶与墨曰"佳茶妙墨俱香"。可见，香和味是茶品的重要因素。

香有花香、果香之分，有清香、浓香之别，有沉浮，有浅深，有短长，有刚柔。香以清、深、沉、长、刚、柔兼济为佳。众香国里，我推兰香第一。

平日饮茶，香气多浮于盏面，因此上投时茶香最盛，香雪空蒙，起人幽思。但茶香多不能持久，两水后便觉杳然，不能尽兴。这是因为茶香轻浮的缘故。而上品绿茶、铁观音则不然，香气清幽深沉，注汤时茶香缭绕，满室生香，令人欢喜不已。

（又附：新购小壶为紫泥圆鼓形，薄胎，圈足略高。壶钮圆珠形，壶嘴曲而上挺，把细，看上去稍显单薄。此壶最可人意处在肩：平圆内敛，饶有趣味。整把壶看起来有曼生十八式中"古春壶"的风韵，只是壶身低矮了许多，宜铭之曰：注春。）

禅茶诗偈

　　戊寅年伊始，痼疾复发，自春及夏，几废茶。入秋以来，始饮乌龙茶，尤以安溪铁观音为主，不知是因为身体欠安，或者绿茶不入于秋，抑或喝多了乌龙茶的缘故，绿茶几不能入口。乌龙茶品类繁多，以福建省的武夷、安溪两地所产为佳，大多香气浓郁，滋味醇厚，很适合茶人作工夫品饮。品饮工夫茶以广东潮汕地区最为流行，茶具有洪炉（茶炉）、玉书碨（煎水壶）、孟臣罐（茶壶）、若深瓯（茶盏）等名目，瀹法有关公巡城、韩信点兵等讲究，颇具古风。冷香斋主人品饮乌龙茶，不泥于古法，不悖于常理，常备茶池、茶壶、茶盏、茶巾、茶炉、纳茶纸、茶匙等物，投茶不过六分，煎水不过三沸，瀹茶不过七水。瀹茶前先备茶、投茶、摇茶、洗茶，去其尘垢冷气，使茶叶真情焕发，然后瀹之注之，品之饮之，不求法而法度自备，以为颇合古人煎茶意。年来饮茶不下十数种，有得味者，有不得味者；有先得味而后不得味者，有先不得味而后复得味者，种种不一。饮茶有时有记，有时无记；有时无记而实有记，有时有记却实无记，总在一时兴趣。《金刚经》有言："须菩提，诸菩萨摩诃萨，应如是生清净心，不应住色生心，不应住声香味触法生心，应无所住而生其心。"是故饮茶虽多无记，然于佛法处却会心不少，其中得失，诸茶友必能明辨矣。

茶时：1998 年 6 月 26 日，晴，午睡后烹茶

茶室：冷香斋

茶品：午子仙毫茶

水品：自煎水，水温 85℃

茶器：常用玻璃杯

瀹法：下投

一水：香清幽，略透栗意，入口鲜爽、清醇，后味甘，有津

二水：香清幽，味鲜醇，汤色空蒙，翠叶盈盈可爱，有津

无风荷动

三水：香幽微，仍有味，有津

茶形：条形稍呈扁条状，色秀绿，嗅之幽香

香气：清香

汤色：淡绿

叶底：嫩绿，多为嫩芽，间有一旗一枪者

简评：此次所饮午子仙毫为新创茶品，茶芽细嫩，茶香清幽，茶汤绿亮，口感好，回甘快，为绿茶珍品

冷香斋诗钞

午梦悄然睡难成，子规声里忆绿英。

瑶池仙子翩跹下，素沫银毫玉乳清。

（京华闲人评曰：冷兄此诗颇清雅。）

茶时：1998年10月8日，中午，天气阴冷，雾雨空蒙，独坐烹茶

茶室：冷香斋

茶品：铁观音茶，约三分

水品：自煎水，水质嫩

茶器：常用八卦茶池，偕隐小壶

瀹法：下投

一水：气幽香，稍低沉。入口稍淡，质嫩。余后气，后味甘淡。

才一盏，舌边已津如泉涌

二水、三水：香幽微，入口甘淡，有津

四水、五水：有香，味愈淡

六水：香杳然，味亦淡然，一盏而罢

茶形：色墨绿，间有色苍苍者。略有油润感，茶形紧结，显梗及叶脉，嗅之气微

香气：幽香

汤色：淡黄

叶底：黄绿，叶形稍大，薄亮

兰说（三）

养兰宜用瓦盆，或大或小，或浅或深，以与兰草相宜为佳。盆色宜高古，绿叶紫茎，与瓦盆相辉映，简淡中自有高洁意。盆底水孔宜大，使盆兰免于积水之患。盆宜旧而不宜新，新盆有火燥意，用前如果能以残茶汤沃之，再以凉水浸泡数日，甚佳。

栽兰时不可深植，以兰土不埋没假鳞茎为宜。正如俗话所说：兰要栽得好，风都能吹倒。兰土以疏松、透气、富含腐殖质为佳，如塘泥土、腐叶土、竹叶土等。冷香斋中养兰，以竹叶土配以积

年炉灰，效果很好。另外，也可用锯末土和君子兰土养兰，只是这种土吸水性较差，容易溅污兰叶，浇水时以浸盆法为好。

（京华闲人评曰：冷兄喜兰不逊于喜茶。）

茶时：1998 年 10 月 16 日，上午，秋晴，读书一通后烹茶

茶室：冷香斋

茶品：南山毛峰茶

水品：自煎水，水温 85℃

无风荷动

茶器：常用玻璃杯

瀹法：中投

一水：香清幽，略透栗香，入口清醇、滑嫩，余后气，后味回甘，有津

二水：香稍减，味仍鲜醇，后味回甘，有津

三水：香幽微，有余味，有津

简评：南山毛峰茶芽肥嫩，冲瀹后根根直立杯中，随波翻跹，最有幽致，最能清人心神。冲瀹南山毛峰时很有意思：注水后茶芽翻跹而下，茶汤淡玉色，茶芽翠绿，真有绿萼仙子因风而舞的况味。尤为可贵的是，冲瀹南山毛峰的过程中还可以领略到如同君山银针般"三起三落"的清趣，有雅兴的茶友不妨一试

陈继儒茶诗

明陈继儒《试茶》诗："绮阴攒盖，灵草试旗。竹炉幽讨，松火怒飞。水交以淡，茗战而肥。绿香满路，永日忘归。"用"怒"形容火势，用"肥"形容茶芽，用"绿"形容茶香，深有意味。

茶时：1998 年 11 月 7 日，上午

茶室：冷香斋

茶品：铁观音茶，约三分

水品：自煎水，水质嫩

茶器：常用八卦茶池，偕隐小壶

瀹法：下投

一水：香幽微，入口甘滑，味淡薄

二水、三水：香气出，轻扬飘逸，兰香弥散冷香斋中，起人幽思；入口甘滑，味淡

四水、五水：香幽微，味甘淡，稍有津

六水：香杳然，味淡，喉间甘润

七水：香几无，味至淡，冷香余我斋中

茶形：干茶茶形稍小、紧结，嗅之清香宜人

香气：透兰香

汤色：橙黄

叶底：色黄绿，叶形稍大，薄亮

简评：香气轻扬，有兰意，但不持久，味亦淡薄，不能尽如人意

茶性略说

茶树属山茶科山茶属，为多年生常绿木本植物。从树形上可分为灌木型、乔木型两类；从叶形上可区分为小叶种、中叶种、大叶种三类。茶树多生长于山谷坡阴，受阳光雨露滋润，先春萌芽，秋后着花，茶农手采筐盛，薪釜交加，经火焙手揉而成茶品。

李时珍在《本草纲目》中论茶性道："气味苦甘，微寒，无毒。""茗茶气寒味苦，入手足厥阴经。"唐人也有诗句道："草木有本性，何求美人折。"因此，虽然成品茶极干燥，但其本性不变。然而茶道一事，至精至微，非古今医士、骚人墨客所能尽知。冷香斋主人饮茶有年，于茶理、茶性稍有识见，今日不揣简陋，试论说如下。

茶性有寒有热，有阴有阳。绿茶性寒，属阴；红茶性热，属阳；至于乌龙茶，则有寒有热，有阴有阳，不可一概而论。

乌龙茶又称青茶，属于半发酵茶类，茶性不如绿茶之寒，也不如红茶之热。一般来说，当年的乌龙茶性偏寒，有清热解毒之功效，多饮恐伤脾胃。而陈年乌龙茶，或重火焙过的乌龙茶，茶性因化学成分合成分解或受火的缘故，会转寒为热，有温阳补虚的功效，多饮恐损阴津。

乌龙茶又有春茶、夏茶、秋茶、冬茶之分。春茶性偏热，秋茶性偏寒，冬茶或可取中。夏茶味苦重而香气淡薄，不入茶品。因此，冷香斋主人以为，精行修德之人，不妨多饮秋茶。秋茶味甘淡，香清幽，素有"秋香"之名。一盏在手，淡然有绿茶意。

当然，茶人品茶，仍应以绿茶为主，不仅茶形汤色最具自然清真之意，而且也合于茶道"清、和、空、真"四字，最能因茶入道。

由于茶性大多偏寒偏阴，因此茶人饮茶宜在饭后，最忌空腹饮茶。常听一些茶友说，饮茶以上午特别是午饭前感觉最好，这话有一定道理。因为人的感官和思维都在空腹时最为活跃，这时候饮茶，茶的色香味俱得，然而却于身体无益。因此，饮茶仍宜在饭后进行。饭后饮茶不仅与茶性相宜，而且有去油腻、却睡魔的功效，最能益我茶德。

（京华闲人评曰：泡茶之要诀唯十字，曰：懂茶性、顺茶性、驾驭茶性。冷兄所论茶性颇精到，闲人与之。）

茶时：1999 年 1 月 20 日，午饭后饮茶，茶粗水老，不甚得意

无风荷动

老王

很早就想为老王写点东西了，可一直提不起笔。

因为你很难把老王和兰草、和茶联系起来。

老王，六十开外年纪，细目，长身，背稍稍有些驼。无论春夏秋冬，老王总套着件青布短衫，腰间缠着条满是汗渍和油垢的青布腰带，从来就洗不净的脸颊上总带着一抹谦卑而温和的笑意，蹬着辆破旧的人力三轮车，车头上挂个黑而且瘦的小布袋，布袋里总放着那把老式的泥青茶壶。

这就是老王，爱喝茶、喜养兰的老王。

认识老王，并不是因为茶，而是因为兰草——我第一次看见老王的时候，老王正在花木市场上购买兰草。

"兰为王者香"，记得这句话好像是孔夫子说的。昔年夫子自卫返鲁，见空谷中芝兰独茂，感慨系之，于是停车鼓琴，作《猗兰操》，并说了这句很有历史意义的话。从此以后，兰草也就成为文人墨客们经常吟诵的对象。"余既滋兰之九畹兮，又树蕙之百亩。"屈原在《离骚》里不但赋予这寻常的兰科植物以高洁的品质，更赋予其生命和灵魂，而《离骚》也成为千古绝唱。其他如陶渊明、李白、王维、苏轼、文徵明、郑板桥等，都留下了许多吟诵兰草的诗句。特别是郑板桥，不但诗写得好，画的

宋 马麟 《秋兰绽蕊图》

兰草更是古今一绝，罕有出其右者。这些古代的文人雅士们不但爱兰、写兰、吟诵兰，也养兰。最早开始养兰并见于文献记载的是唐代诗人王维。据《记事珠》记载："王维以黄瓷斗贮兰蕙，养以绮石，累年弥盛。"这种以碎石子养兰的方法至今仍为养兰家所推崇。

老王虽然也养兰、爱兰，但老王不会写兰，更不会写诗（哪怕是打油诗或者口号诗），从他佝偻的身影和那辆破旧的人力三轮车上，你很难看出兰草那飘逸、婀娜的幽姿。

茶叶大概是世界上最神奇的饮料了，最早发现茶叶的是我国上古时期的炎帝神农氏。"神农尝百草，日遇七十二毒，得荼而解之。"这里的"荼"就是茶的本字。所以茶不但可以解渴，还有卫生保健作用。南朝的王子鸾、王子尚两兄弟，有一次去八公山看望昙济和尚，昙济和尚以茶汤待客。王子尚品饮完茶汤后惊叹说：这是仙人饮用的甘露呀，怎么能说是茶呢？所以唐代的陆羽为茶立德，作《茶经》三卷，后世的温庭筠、蔡襄、宋徽宗、赵汝砺、朱权、陆树声、张源、许次纾等人，也都有茶学专著传世，使茶这寻常的益生饮品，不但有了丰富的精神内涵，更具有深厚的文化传承，堪称国饮。

老王虽然也常年喝茶，但他从不喝上好"细茶"，他喝的是那种很浓很浓的炒青"粗茶"。而且老王也不知道陆羽、蔡襄、许次纾等这些历代著名茶人的名字，更不用说"茶文化"和"茶道精神"了。所以老王的爱茶、喝茶仅仅是出于本能和爱好而已，没有什么特别的典故。

读到这里，你大概已经有些了解老王了，知道老王是个蹬人力三轮车的落魄男人，还知道老王爱养兰、爱喝茶。在长安城里，像老王这样的男人还有很多，他们不经意的身影偶尔也会映入你的眼帘，但你曾经留意过或注视过他们吗？

有一天在花木市场上，我又遇见了老王，老王正拿着一丛下山草仔细观赏着、辨认着。他的神情很专注、很认真，从兰叶、兰茎、兰芽、兰花到兰根，一一细辨，并不时和卖兰草的人交换着意见。三月的春光虽然已很明媚，但天气仍有些清冷，兰花冲寒吐香，温雅清幽的兰香给这喧闹的市场带来一缕山野清新的气息，也使得老王那张满是皱纹的脸光洁了许多。他眯缝着眼睛，仔细端详着手中的兰草，眸子里似乎也有春光在流动。他的手掌很粗很大，这纤弱的兰草在他掌中仿佛一位袅袅婷婷的春装少女，正在做轻盈的掌上舞蹈呢。

老王回头时看见了我，就向我说道："兰草是好东西，越看越让人喜欢，如果吐花的时候沏壶茶坐在旁边，边看花边喝茶，那种感觉最好！"我笑了笑，没有说什么。对花饮茶虽然感觉不错，却不值得提倡，所以自唐代韩愈起，就被列为十六件"煞风景"的事情之一。老王不知道韩愈这名字，更不知道那十六件有煞风景的事情，所以老王自有他对花饮茶的乐趣。

老王当然不是第一个把兰花和茶联系起来的人，北宋黄庭坚在《幽芳亭》里写道："兰蕙莳以沙石则茂，沃以汤茗则芳，是所同也。"这是讲养兰。明代茶人闵汶水，嗜茶成癖，人称闵老子茶，他喜欢以兰香入茶，虽然为时人所讥，却终身不改其志。兰性至洁至清，同茶一样，不仅可作为书斋雅供，更可用来熏制花茶，和茶可谓是"臭味相投"的老搭档了。

老王没有多少钱，也没有什么积蓄，他的全部家当除了一辆人力三轮车、一把泥青茶壶、十几盆兰草外，还有一间破旧的平房。但他曾花了两千元人民币从昆明邮购回来几株名贵兰草，可惜养了不到半年就全部死掉了，他的两千元人民币、他为之付出的感情和心血，也都这样白扔了。但老王对这件事情似乎并不十分介意，"我准备再买几株好兰草"，有一天他对我说，"如果能攒下钱的话。"

攒钱可不是件容易事，特别是蹬三轮车，生意不景气暂且不说，光是办理市容、交警、卫生、税务等方面的事情就令人头痛。老王的三轮车有时会被没收，除了罚款、交停车费外，十几天的时间就这样白白耽搁了，但他有什么办法呢？老王没上过学，也谈不上读书，但他却知道有个外号叫骆驼祥子的人，也是干他们这一行的，据说骆驼祥子除买了一辆新车外，还娶了房老婆，这实在令老王羡慕不已。当我告诉他骆驼祥子只是一个名叫老舍的作家笔下的一个人物而且这个人物还生活在旧社会的老北京城里时，老王沉默了，黯然的脸颊上第一次没有了笑意。

写到这里，我手里的笔忽然有些枯涩起来，不知该再说点什么才好。就像桌上的这盏茶，喝到最后一盏时总有一股淡淡的、幽幽的、涩涩的苦意，这种苦寂之情是很难用语言来表述的。老王还蹬着他那辆破旧的人力三轮车，还经常跑花市、买兰草，喝过一壶浓茶后，还梦想着攒钱买几株名贵兰草回家……

但愿老王能够如愿。

（京华闲人评曰：读之如品一泡上等的高山绿茶，精彩之中带几分苦涩。）

茶时：1999 年 1 月 24 日上午

茶室：冷香斋

茶品：铁观音茶，约三分

水品：自煎水，质嫩

茶器：常用茶池、素壶

无风荷动

瀹法：下投

一水、二水：香气清幽轻扬，入口甘淡，盏底留香，室内余兰香

三水、四水：香味俱稍减，入口淡，有余香

五水：香味俱淡

茶形：色苍绿，茶形略松，略有油润感，嗅之有香

香气：清香

汤色：淡黄

叶底：青绿，叶形稍大，多有断叶及残叶，质稍硬

简评：香微味薄，尚不能入冷香斋茶品

重修冷香斋记

自己卯年起，冷香斋主人终于结束了十载噩梦，终于重返家园，终于免于沉沦之苦，终于能遂平生之愿，可悲可叹之余，却也可喜可贺。记得终将永远离开那地方时，心中狂喜，作擘窠大字道：苍龙岂是池中物，一朝得志便凌云。虽是一时狂语、癫

语、极自负语，却也是真情流露之语，有着"却看妻子愁何在，漫卷诗书喜欲狂"的烂漫之意。

唯一牵挂的，只是冷香斋从此不复存在，却到哪里煎茶去？家居逼仄，已尽量开辟出一方小天地，暂作书斋，暂作茶室，以供我读书、习字、作画、饮茶、交友。有一天和朋友偶然谈起此事，嗟呀良久。朋友因笑道：有冷香斋主人在，便有冷香斋在；如果没有冷香斋主人，世上哪有什么冷香斋？

刘梦得贬谪后，曾构小屋一间，以供读书、听曲、饮茶、谈笑、交友，并赋《陋室铭》一篇以明心志。冷香斋主人愚鲁之至，不敢以前贤自况。但事出有因，情实相同，书斋虽小，足容我膝，足栖我神，今日闻朋友此语，心里顿感释然，于是仍匾我书斋曰：冷香斋。

（京华闲人评曰：块垒结处。）

茶时：1999 年 2 月 15 日，午饭后，与妻同饮

茶室：冷香斋

茶品：乌龙茶，约三分

水品：自煎纯净水，质嫩

茶器：常用茶池，偕隐小壶

瀹法：下投

一水、二水：气幽香，入口稍重，余后气，壶盖甘香，盏底留香，稍有津

三水、四水：香少减，入口稍淡，余后气，壶盖甘香，盏底留香，稍有津

五水：香微味淡，后味甘淡，稍有津

六水：香几无，味淡，稍有津

茗壶说（三）

茶人除拥有一套茶器、数两好茶外，更须一把称心如意的紫砂壶。

越是资深茶人，越是感叹好壶的难觅，所谓："寻寻觅觅，冷冷清清，凄凄惨惨戚戚，横云却月，最难寻觅。"其中的欣喜与失意，"如人饮水，冷暖自知"，不足为外人道也。

就仿佛醉心于剑道的剑客一样，如果剑室里没有一把诸如太阿、秋露那样的上古神器，怎能体味出剑道那动人心魄的肃杀冷艳之美呢？

据明代闻龙《茶笺》记载："因忆老友周文甫，自少至老，茗碗薰炉，无时暂废……尝畜一龚春壶，摩挲宝爱，不啻掌珠。用之即久，外类紫玉，内如碧云，真奇物也，后以殉葬。"人生得壶如此，复有何憾！

家用茗壶，以小品为妙。多则数品，少则一二品，最堪入茶。清代冒襄《岕茶汇抄》里说："茶壶以小为贵……壶小则香不涣散，味不耽迟。况茶中香味，不先不后，恰有一时。太早未足，稍缓已过。"明代周高起《阳羡茗壶系》里也说："故壶宜小不宜大，宜浅不宜深，壶盖宜盎不宜砥。汤力茗香，俾得团结氤氲。"当然，大壶、中壶也可常备一两把，小品用来冲瀹乌龙茶，绝妙；大壶、中壶用来冲瀹绿茶、花茶，最为实用。

壶不必名家，不必古董，不必镶金嵌玉，不必缵珠堆砂，只要质地、样式、做工稍合己意即可。

紫砂壶有紫泥、朱泥、绿泥之分，又有细砂、粗砂、调砂之别。挑选紫砂壶，以壶身色泽黯然油润为佳，这样的壶，泥料、火候必定都不会差。

紫砂壶品类繁多，式样不一，有方壶，有圆壶；有光货，有花货。到底选用什么样的壶，要根据个人喜好，不可一概而论。无论哪种壶，都以手工制作为佳。壶嘴出水要利，壶盖与壶口相合处要紧密，壶把、壶嘴、壶钮应位于一条线上，整把壶看上去要有气度——气度就是材质美和工艺美的完整体现。

一把好的紫砂壶还应独具神韵，即所谓的"壶韵"。这首先表现在整把壶的样式和取势上：有的圆满，有的方直；有的古朴，有的富贵；有的清高，有的媚俗；或巧或拙，或收或放，每把壶给人的感觉都不一样。壶韵还体现在壶身的线条上：或纤细，或浑圆，或如斧斫，或似刀切，或隐或显，或紧或松，总以自然流畅为美。另外，壶嘴和壶把的取势最为重要：嘴宜巧中藏拙，把宜拙中寓巧；嘴要含灵秀之气，把要现王者之风；嘴与把的延伸线要能连为一点，交汇于壶身重心处，赋予整把壶以节奏和韵律。

近年来，茗壶又有厚胎、薄胎之说。薄胎壶胎薄如纸，用来冲瀹乌龙茶最适宜，不过由于壶嘴、壶把都较常壶单薄，给人以纤巧之感，欠缺古朴大方之风，茶人不可不察。

明代周高起在《阳羡茗壶系》一书中称赞道："壶经用久，涤拭日加，自发暗然之光，入手可鉴，此为书房雅供。"一把好的紫砂壶日用越久，越能发壶真性，也越珍贵。

古语有云："良医之门多病人，良匠之所多钝铁。"冷香斋主人饮茶多年，茶池盏畔，常感叹没有一把最可人心意的小品茗壶相佐，不能不引为憾事，于是作《茗壶说》闲文一则，聊慰寂寞情怀。

（苦茶和尚评曰：也是纸上谈壶，望茶解渴而已。）

茶时：1999 年 2 月 25 日，与两三客同饮

茶室：冷香斋

茶品：铁观音茶，约三分

水品：自煎纯净水，质嫩

茶器：常用茶池，素壶

瀹法：下投

一水、二水：香气温雅，稍有低浮意；入口稍苦重，余后气，

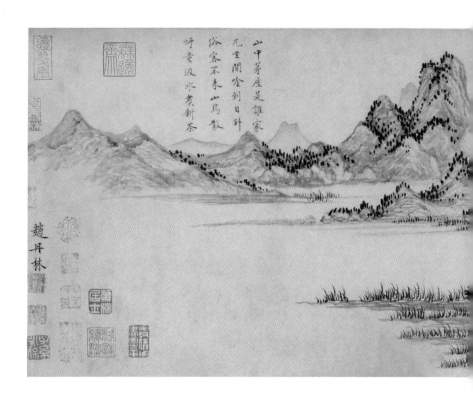

后味稍甘

　　三水、四水：香不稍减，入口仍稍苦重

　　五水：香减半，入口淡，余后气，后味回甘

　　六水：香幽微，气韵始显，入口甘淡，后味甘淡

　　七水：香微味淡，有余味；饮茶后以清水一小盏清口，水味

极甘淡，且略具茶香，令客赞不绝口

元 赵原《陆羽烹茶图》

远山近水，有一山岩平缓突出水面，堂上一人，按膝而坐，童子拥炉烹茶。画上题诗：『山中茅屋是谁家，兀会闲吟到日斜，俗客不来山鸟散，呼童汲水煮新茶』

茶形：色墨绿，茶形大而重结，嗅之香微

香气：幽香

汤色：深黄

叶底：嫩黄，叶形稍大，叶质薄

简评：仁厚君子，有长者之风，交愈久而愈见真情

无风荷动

茶道修持说

　　饮茶而言道、有道并因茶入道，这当然要归功于茶圣陆羽了。陆羽在《茶经》这部旷世巨著里，首次把饮茶从生活领域提升到精神品饮和艺术创造的高度，不但使饮茶程式化，更使饮茶艺术化了。他细分十事，详加评说，使茶道初具规模。饮茶至宋代已蔚为大观，出现了许多热衷于品茗艺术的文人雅士，如欧阳修、蔡襄、苏轼、黄庭坚、陆游等。甚至连一些帝王贵胄也加入茶人行列，为茶道推波助澜。如宋徽宗以皇帝之尊，就曾亲自碾茶、点茶、斗茶，并写有一部茶学专著《大观茶论》。

　　茶道历元而降至明清时，已渐呈衰落之势，如山涧寒泉，虽然甘淡清洌，起人幽思，却不免峭寒袭人，使人有"古木无人径，泉声咽危石"的冷寂感。明清时期的茶道往往流布于文人雅士间，如朱权、陆树声、屠隆、许然明等，所谓"百花落尽啼无尽，更向乱峰深处啼"，成为中国文化的一股清流。到了近代，茶道几乎零落殆尽，正如一阕词中所吟诵的那样"零落成泥碾作尘，只有香如故"，空使人叹惋不已。

　　近年来，随着民众生活水平的逐步提高和生存条件的进一步改善，茶道又渐呈发展趋势，大有"野火烧不尽，春风吹又生"的势头，令人颇为欣慰。

冷香斋主人以为，茶道是茶文化的精神核心，是具体的茶事修持过程，同时也是茶人自我完善、自我认识的过程。茶人通过烹饮茶汤而悟道，这种过程就称作茶道。或者简单地讲，烹饮者对茶汤的觉悟，就称作茶道。由此可见，茶道在很大程度上属于修证范畴，是要实修实证的，不仅要在"理"上认知，更要在"事"上修证，而非仅仅停留在认知或研究的层面上。如同参禅一样，研究公案、阅读禅宗史料充其量只能算作文字禅，其实和悟道没有多大关系。

古往今来，谈茶论道的人很多，从唐代皎然、陆羽、封演、卢仝、陆龟蒙、皮日休、白居易到宋代蔡襄、苏轼、黄庭坚及明清时期的朱权、陆树声、许次纾、张源、罗廪、冒襄以及近代的周作人、梁实秋、林语堂等，都以其人格及文化修养，不断充实和丰富着茶道内容，然而论及茶道修持的人却几乎没有。

据说南宋时期浙江余姚径山寺里茶道盛行，有一套严格的茶道程式，传说日本茶道最初就是从这里流传过去的。径山寺里每年都要举办大型茶会，茶会上，僧人们除了静坐参禅外，也谈论茶道，甚至还乘兴赋诗，成为禅门佳话。僧人们饮茶当然是为了修道，因为饮茶可以"使人不寐"，所以就有了"茶禅一味"的说法。这些古代僧人，应该算是最早的茶道修持者了。

冷香斋主人饮茶多年，逐渐积累了一些经验和心得，也对茶道修持作了一些初步探讨和尝试，今日不揣简陋，粗分三事，略加说明，作《茶道修持说》。

一、正身

茶人饮茶前，先要正身正意。《论语·子路第十三》："子曰，其身正，不令而行；其身不正，虽令不从。"身正则气正，气正则意自正。孔夫子席不正尚且不坐，何况茶人饮茶。要正身，必须先要生恭敬心，不仅是对茶的恭敬，也是对人的恭敬，对事的恭敬，对道的恭敬，这样才可以谈得上茶道。恭敬心也就是信，信茶，信茶人，信茶事，信茶道。佛经有言"入佛法海，信为根本"，可见信的重要。有了恭敬心，就会有诚意，有了诚意，必能正身。《大学》里说："欲修其身者，先正其心；欲正其心者，先诚其意；欲诚其意者，先致其知；致知在格物。"茶道修持的过程，也就是"格物"的过程，"物格然后智至"，可见正身在茶道修持过程中的重要性了。

二、清心

茶人饮茶前能正身正意，祛除杂念，万缘放下，达到空明澄澈、天人合一的境界，此时心中空空荡荡，声闻俱息，过影不留，了无一芥，是谓清心。

饮茶时环境一定要清幽，凡嘈杂、喧闹、有恶声恶味的场所都不适合饮茶。独饮时清心较为容易。如果两三茶友共饮，饮茶前不妨说说闲话，但不要涉及国事、家事以及人事。若能多谈茗事、壶事或有关茶道的闲闻趣事等则更妙。此时心不清而自清，意不净而自净，自然有清心的妙用。

真正有定力的茶人，即使环境不是很好，也能做到一心不乱，因为他的心始终是空明澄澈的，如一潭止水，不起一丝涟漪。定力可通过茶道修持加以锻炼，茶人经过一段时间的修持后，心境逐渐趋于平静，虽然身处闹市丛中，也如同隐居山林一样，心中自然清净无比。特别是现代人，由于工作和生活上的压力，常常有心烦意乱的感觉，此时如果能在茶池盏畔坐下，不但能领略茶味的美妙甘香，还可以息心静虑，对工作和生活都有益处。南台守安禅师曾有诗道："南台静坐一炉香，终日凝然万虑忘。不是息心除妄想，只缘无事可思量。"如果茶人真能正心如此，已是禅佛境界，最堪入茶。

三、结坐

正身难，清心尤难，难在茶人见地不明。如果见地通彻，圆满无碍，心中常空荡荡的，哪里还用清心？见地和悟性有关，和茶人自身的人格及学识修养有关，绝非一朝一夕就能明了。因

禅茶诗偈

此，对大多数茶友而言，不妨先从结坐入手。

结坐俗称打坐，也称禅坐，本是佛家修习禅定的八万四千法门之一，道家、儒家甚至外道也普遍采用，是修持的共法。结坐的方法很多，有全跏趺坐、半跏趺坐之分，有金刚坐、吉祥坐之别。也可用正坐，于煎水烹茶尤其相宜。

结坐时不可坐于有风的地方，以防风邪侵体。每天结坐时间不少于半小时，日久自见功效。

以上只是个人的一点经验和尝试，不足与谬误之处，还望同道茶人指正。

茶时：1999 年 2 月 26 日，午饭后，晴。与秀水轩主人及二三子共饮

茶室：秀水轩

茶品：铁观音茶，约三分

水品：自煎纯净水，水质稍老

茶器：竹茶池，绿泥壶

瀹法：下投

一水、二水：香气温雅，稍有轻扬意；入口甘淡，后味淡，后气平和，盏底幽香

清　金廷标《画仙舟笛韵》
此为扇面画，画中石壁高耸，溪流穿越洞穴，流向人间。劲松盘踞于石上，恰可遮阴，松下一船并泊，两名高士横笛和奏。船上置陶壶瓷盏。山水清音，品茗奏笛，直如仙人

无风荷动

三水、四水：香不减，气韵出，入口甘淡，后味淡，余后气

五水、六水：香幽微，入口淡，后味淡

七水：仍有香，味淡

茶形：色墨绿，茶形重结，嗅之香微

香气：清香

汤色：淡黄

叶底：嫩绿，叶形稍大，叶质薄亮

简评：空谷幽客，神情俱清

茶与音乐

我国音乐起源甚古，可以追溯到上古的炎黄时期。相传伏羲氏作琴，神农氏制曲，黄帝鼓琴，虞舜歌南风，以教化万民。而真正使音乐归于典雅并具有教化功用的，当归功于我国第一部诗歌总集——《诗经》的编撰。《诗经》简称《诗》，为"六经"之首。据说孔夫子曾亲自删定《诗》三百，用以教授孔门弟子，可见儒家对《诗经》的重视程度了。

整部《诗经》共包括《风》《雅》《颂》三部分，其中大

部分篇章都可以用来歌舞演唱，演唱时大都以琴、瑟、缶、埙、篪等古乐器相伴奏。如《周南·关雎》："参差荇菜，左右采之。窈窕淑女，琴瑟友之。"提到了琴和瑟。《小雅·鹿鸣》："呦呦鹿鸣，食野之苹。我有嘉宾，鼓瑟吹笙。"则提到了笙和瑟。可见琴、笙、瑟等古乐器在当时是很流行的，类似于当今的古筝、琵琶等。而《陈风·宛丘》"坎其击缶，宛丘之下"中提到的缶，则是一种古老的打击乐器，今天已不大使用了。

陆羽在《茶经》里说："茶之为饮，发乎神农氏，闻于鲁周公。"可见同音乐一样，我国茶叶的发现和饮用也可以追溯到上古时期的神农氏。传世的《神农食经》里就有"茶茗久服，令人有力、悦志"的记载，其中"茶"就是茶的古字。中国茶文化发源于周，诞生于两汉，兴盛于唐宋，历经元、明、清三代，余波荡漾，至今不衰。

如果我们稍稍梳理一下历代有关饮茶的诗词，就会发现茶与音乐的关系由来已久。如唐代鲍君徽《东亭茶宴》、白居易《宿杜曲花下》、郑巢《秋日陪姚郎中登郡中南亭》、宋代曾丰《侯月烹茶吹笛》、苏轼《行香子·茶词》、黄庭坚《鹧鸪天·汤词》、曹冠《朝中措·汤》以及吴文英《望江南·茶》等，就分别提到了古琴、笙歌、清唱、弦管、琵琶、觱篥、笛、瑟等多种器乐和声乐。后人在论及茶之所宜时也认为："茶宜净室，宜古曲。"明人许次纾在《茶疏》中就提出了"听歌拍板、鼓琴看画、茂林修竹、清幽寺观"等二十多种适宜于饮茶的幽雅环境和事宜。

这里的音乐一般都指中国古代的民族音乐。

我国民族音乐发展到今天，不管是乐曲还是乐器，其内容和形式都十分丰富，乐曲如《阳关三叠》《梅花三弄》《平沙落雁》《高山流水》《雨打芭蕉》《平湖秋月》，乐器如古筝、古琴、洞箫、竹笛、琵琶、二胡、埙、瑟等，都能发思古之幽情，也最能入茶。

茶人饮茶时伴以音乐，无疑是一种高雅的精神享受。不仅能更好地品饮出茶汤滋味，也有益于体味中华茶文化的博大精深和幽邃神韵。因此，饮茶时选择什么样的乐曲和乐器，都应该有所考虑。

茶味有甘、苦之分，乐曲也有风、雅之别。譬如品饮西湖龙井，宜听《平沙落雁》《猗兰操》，最能使人身心怡悦，如沐春风。而品饮山南绿茶，宜听《广陵散》《阳关三叠》，自然使人神情飞越、幽思难忘。再如品饮老竹大方，宜听《龙朔操》，宜听《长门怨》，深沉中自有韵味，耐人寻思。而品饮乌龙茶时最宜听南曲和广东音乐，古风古韵，声情并发，最耐品饮。茶有独宜于古琴的，如西湖龙井、黄山云雾等；有宜于洞箫的，如洞庭碧螺春、君山银针等；有宜于陶埙的，如云南普洱、老竹大方等；有宜于竹笛的，如蒙顶甘露；有宜于胡琴的，如安化砖茶；有宜于钟磬的，如普陀佛茶；也有宜于人声的，如安吉白茶等，不一而足。除古乐外，钢琴、萨克斯、小提琴甚至轻音乐、流行音乐等也可以入茶。品茗艺术是一门开放型艺术，随时代的发展而变化，应该兼收并蓄，中西汇通，而不必只拘泥于古法。因此，饮茶时听听萨克斯，听听钢琴、小提琴等，也未尝不可，肯定会别有一番滋味在"茶"中。

饮茶时听音乐，能益茶德，发茶性，起人幽思。白居易在《琴茶》诗中吟诵道："兀兀寄形群动内，陶陶任性一生间。自抛官后春多醉，不读书来老更闲。琴里知音唯渌水，茶中故旧是蒙山。穷通行止常相伴，谁道吾今无往还。"清幽的环境，古雅的音乐，都与茶文化的雅趣相符合，茶与音乐相得益彰，使通常的煎水瀹茗达到了精神品饮和艺术享受的境界。

然而冷香斋主人以为，以音乐入茶，不如以大自然的清音入茶为妙。古人曾将"松声、涧声、禽声、虫声、鹤声、琴声、棋声、雨滴阶声、雪洒窗声、煎茶声"列为最清音。《庄子·齐物论》曰："女闻人籁而未闻地籁，女闻地籁而未闻天籁夫！"因此，诸如风声、雨声、虫声、落雪声、鸟鸣声等都可入茶，既具有茶"清真"之意，又能得茶"空和"之情。

茶人饮茶到一定程度时，则连天籁也无，只是一片寂然。寂

然中自有生趣，自有百千万种声音，皆能入茶。

　　（苦茶和尚评曰：以音乐入茶，不若以自然清音入茶，此诚妙论。然而山僧以为，以自然清音入茶，又不若以梵呗钟磬入茶，冷兄以为如何？）

茶时：1999年2月28日，晚饭前

茶室：冷香斋

茶品：乌龙茶，约三分

水品：自煎纯净水，水质嫩

茶器：常用茶池、素壶

瀹法：下投

　　一水：兰香稍纵即逝，不可捕捉。香气清幽，入口稍重，盏底留花香

　　二水、三水：香稍减，入口稍重，盏底留花香，壶盖有香，温雅绵长

明·唐寅《琴士图》（局部）画中主角人物为苏州琴师杨季静。琴士坐松林泉石间，轻抚琴弦，溪水淙淙，似与琴韵相和。山石双松之间，数位童仆正忙于煎水烹茶，小几上与地上散列着书籍笔砚和鼎彝古玩，似乎是把风雅文人的书斋搬到了户外

四水、五水：香沉寂，入口淡

六水：香杳然，味淡

简评：此次所购乌龙茶属冬茶，色、香、味俱淡然，只三水茶意即尽。而且香气轻飘，稍纵即逝，味亦寡淡，尚不能入冷香斋茶品

茶有九香

茶有九香：清、幽、甘、柔、浓、烈、逸、冷、真。

干茶有香，点（洗）茶有香，瀹茶有香，注茶有香，壶（瓯）盖有香，盏底留香，淋壶有香，茶汤有香，茶汤凉后有余香。

干茶香清，点茶香幽；瀹茶香柔，注茶香逸；茶汤香真，凉后香冷；壶（瓯）盖香甘，盏底香浓，淋壶香烈。一茶而得九香，最能益茶德，最能见人品，最能发茶真性，也最能起人幽思。

无风荷动

（苦茶和尚评曰：范希文有诗句道：万象森罗中，焉知无茶星？冷兄论茶，既得茶九德，又发茶九香，也是茶星辈无疑。）

茶时：1999 年 3 月 10 日，午后，与二三茶友共饮

茶室：某茶友处

茶品：台湾乌龙茶，约三分

水品：纯净水

茶器：竹茶池、朱泥壶、白瓷盏、公道杯等

瀹法：下投

一水、二水：香清幽，入口滑爽，后味甘淡，稍余后气，盏底有香

三水：香幽微，入口滑爽，后味甘淡，余后气

四水：香已杳，味仍不稍减

五水：香杳然，味淡，后味甘淡

茶形：茶形紧细，色泽青绿，略有油润感，嗅之有香

香气：幽香

汤色：橙黄、清亮、细腻

叶底：青绿，叶形稍小，质薄而柔软，间有断叶

简评：空谷幽客，清而有味

乌龙茶略说

在中国茶叶品类里，乌龙茶无疑是独具特色的一种。好的乌龙茶不但香高味醇，而且有"七泡有余香"之美誉，很适合茶人作功夫品饮。

乌龙茶种类繁多，以武夷、安溪两地所产为佳，如久负盛名的大红袍、武夷肉桂、安溪铁观音、凤凰单丛等。而且许多珍贵茶品都有一段动人的民间传说或神话故事相伴随，更加浓郁了茶品的文化氛围。乌龙茶属于半发酵茶类，既具有绿茶的清香，又具有红茶滋味醇厚的特点，因而深得广大茶友喜爱。

品饮乌龙茶，有的茶友只重口感，有的则只重香气。冷香斋主人以为，应该香气、口感并重。清人梁章钜在《归田琐记》里描写武夷岩茶的特点道："活色生香，舌本留香尽日，齿颊留芳，沁人心脾，香味两绝，如梅斯馥兰斯馨。"可见是香味并重的，而且特别指出上等岩茶还应具有兰花般幽雅的香气。早在春秋时孔夫子就认为"兰为王者香"，茶品以具兰香为极致。兰香

也是冷香斋茶论中的"王者香"，众香国里，冷香斋主人首推兰香第一。

对乌龙茶的认识含混不清，似乎古来就是如此。清代袁枚，以绝代清才，三十三岁即告别官场，卜居南京小仓山，葺筑随园，文章诗酒，风流当时，可谓一代才子。他在《随园食单》里评价武夷茶道："余向不喜武夷茶，嫌其浓苦如饮药。"子才是浙江钱塘人，生平最喜好品饮故乡龙井茶，所以对武夷茶有这样的感知也就不足为奇了。然而正是这位老兄，耄耋之年游览武夷山后，对武夷茶的态度却来了个一百八十度大转弯，前后判若两人。他满怀激情地描写道："丙寅秋，余游武夷，到曼亭峰天游寺诸处，僧道争以献茶，杯小如胡桃，壶小如香橼，每斛无一两，上口不忍遽咽，先嗅其香，再试其味，徐徐咀嚼而体贴之，果然清芬扑鼻，舌有余甘。始觉龙井虽清，而味薄矣；阳羡虽佳，而韵逊矣。"对乌龙茶可谓推崇备至。子才一定是在饮茶后立即就写下这段文字的，茶香伴着墨香，才有了这声情并茂的千古绝唱。所以上等乌龙茶应该香味俱佳，这一点毋庸置疑。

自古及今，对茶品的评价都是香气、口感并重的。当然，许多人（包括冷香斋主人）也经常说：无味之味方为至味，无香之香方为真香。这只是指饮茶的境界而言，也有劝解茶人不要过分沉湎于茶香茶味的意思。但无论有香无香、有味无味，总是有个

"香"字和"味"字在，而且也是香味并提的。譬如兰草，除了要有优美的叶姿、花形外，更要有清雅悠长的香气，不然就是弃草，入不了兰品。

明人罗廪《茶解》"茶品"条说："茶须色、香、味三美具备。色以白为上，青绿次之，黄为下。香如兰为上，如蚕豆花次之。味以甘为上，苦涩斯下矣。"绿茶如此，乌龙茶也如此。上品乌龙茶也应该具备兰花般幽雅深长的香气。

据说真品西湖龙井茶也有着兰花般的幽雅香气，我所饮龙井茶或添花香，或透栗香，无一作兰花香，空使人叹惋不已。

其他如真品西湖龙井茶这样使人魂牵梦萦的茶品还有很多，如顾渚紫笋、修宁松笋、阳羡雪芽等，不知何时可罗致于冷香斋中，疗我泉石膏肓之疾？

（京华闲人评曰：绿茶中太平猴魁是茶中之君子，最具兰花香；乌龙茶中多以花香见称，黄金桂、水仙莫不如是，铁观音更是以"兰花香、观音韵"名闻天下。）

茶时：1999 年 3 月 20 日上午，雨雪初停，天气清冷，与秀水轩主人及两三子共饮

茶室：秀水轩

无风荷动

茶品：台湾乌龙茶，约三分

水品：纯净水

茶器：竹茶池、紫砂壶、瓷盏

瀹法：下投

一水、二水：香气清幽、高雅，透兰香；入口稍重，有滑爽感，略有后味，盏底留香，稍清淡

三水、四水：香不稍减，入口滑爽、稍甘淡，后气香，略有后味。壶盖甘香，盏底稍留香

五水、六水：香幽微，仍透兰意，入口淡，壶盖稍有甘香

七水：香杳然，细嗅仍具兰意，入口淡然，壶盖仍有香

茶形：茶形紧细，色青绿，略有油润感，嗅之有香

香型：透兰香

汤色：淡黄，清亮

叶底：色青绿，叶形较小，质薄软，光亮；间有断叶及残叶

简评：有美一人，在水一方；兰心蕙质，婉如轻扬；静夜思之，幽思难忘

茶友论茶时

秀水轩主人今日谈论"茶时"说：茶时不仅仅指烹茶时开汤的先后，还和饮茶的时辰有关，和茶人饮茶时的身体状况有关。有些人喜欢上午饮茶，感觉较好；有些人则喜好在下午品饮，感觉要比上午敏锐得多。并举例说他自己的"茶时"就在下午。这是对"茶时"的补充，因此附记于此，以供茶友们参考。

茶时：1999 年 3 月 24 日，下午。春阴，与客共饮

茶室：冷香斋

茶品：铁观音茶，约三分

水品：自煎纯净水

茶器：常用茶池、注春壶，白瓷小盏

瀹法：下投

一水、二水：香气浓郁深长，入口滑爽，后气香，后味稍甘淡，盏底留花香

三水、四水：香气不稍减，入口滑爽，余后气，后味甘淡，壶盖甘香，盏底花香馥郁

五水、六水：香幽微，入口淡，后味淡，壶盖有香

明 陈洪绶 《闲话宫事图》

一老者与美人对坐。美人手阅书卷，老者腿上放置乐器。中有石案，上陈茶壶、茶杯、漆盒、瓶梅。闲时即是茶时，二人自在品茗，闲说古今。；画面令人油然而生悠闲惬意之感

七水：仍稍有香，入口淡然，后味淡

茶形：茶形粗重、紧结，色泽青乌，略有油润感
香气：花香
汤色：橙黄，至七水，茶汤仍呈淡金色
叶底：色青绿，叶形大，质薄软，应为冬茶
简评：香浓味甘，可以入冷香斋茶品

肉末炒茶叶

作为一种益生饮品，茶叶的功用在唐代陆羽《茶经》刊世后，才得到人们的普遍认识。茶叶不但可以解渴，还可以长精神，适量饮用，还可以健脾胃。如今，市面上常见的诸如绿茶、花茶、乌龙茶、红茶甚至砖茶、普洱茶等，已成为人们日常生活中不可或缺的"开门七件事"之一。一般人只知道茶叶可以泡着喝，却不知道茶叶最初是作为一种可以食用的菜蔬而出现的。在我国第一部诗歌总集《诗经》里，就有"谁谓荼苦，其甘如荠"的诗句。据说这里的"荼"指的就是茶叶，可见是和荠菜相提并论的。早期的茶叶饮用方法极为简朴粗放，甚至有

放入盐、姜、葱、椒等物和水连叶煎煮而食的。晋代郭璞《尔雅注》云："（茶）树小如栀子，冬生叶，可煮作羹饮。"陆羽在《茶经》里记载唐初饮茶风俗时说："饮有粗茶、散茶、末茶、饼茶者……或用葱、姜、枣、橘皮、茱萸、薄荷等，煮之百沸……"古典文学名著《水浒传》第二十四回描写道："（王婆）便浓浓的点道茶，撒上些白松子、胡桃肉，递与这妇人吃了。"饮茶不言"喝"而冠以"吃"字，大概正和这种连汤带叶一起吃掉的饮茶习俗有关吧。所以玉川子才有"纱帽笼头自煎吃"的诗句流传后世，所以赵州和尚才有"吃茶去"的法语遍布天下丛林，所以如今南方的一些城市里仍有吃早茶的习俗。

据考证，茶叶的营养成分极为丰富，富含各种维生素和氨基酸，并含有多种人体所需的矿物质及微量元素，如钙、磷、钾、镁、锰、铝、硒、锌等。茶叶经过几次冲泡后，其营养成分大部分已经浸出，但还有一些矿物质残留在茶叶里，弃之可惜，于是在农村的一些地方，便有连茶渣一起吃掉的习惯。《清稗类钞》里便有湖南人饮茶习俗的记述："湘人于茶，不惟饮其汁，辄并茶叶而咀嚼之。"据说毛泽东也很喜欢喝茶，每次喝完茶后都要将茶渣用手指抓进嘴里吃掉。毛是湖南湘潭人，喝茶吃茶渣，当然不是为了节约，而是他小时候在家乡养成的生活习惯。说实在的，我不大赞同这种"吃茶"法，虽然说茶有"俭"德，但这和吃茶渣无关。而且这样的吃法不但不雅观，味道也不会好。冷香斋主人以为，饮茶后如果一定要吃茶渣的话，不如将茶渣作为菜蔬来烹调，或许可以入品。譬如吃西瓜，人人都知道西瓜皮营养丰富，但啃瓜皮的人毕竟很少。

西瓜皮虽然没有人啃，但如果将西瓜皮晾干后用来炒菜或者炖肉吃，则别具风味，不失为清夏的一道佳肴。冷香斋主人今天与客共饮，客人忽然说道：这么多茶叶就这样泼掉了，实在可惜。惋惜之情现于言辞。又记得有一次携茶在一朋友处品饮，最后积攒了满满一茶洗残茶叶，本来要泼掉，主人不许，说留到明天他们还可以继续泡着喝。

冷香斋主人雅好饮食，虽然日常所食只是粗茶淡饭，却常常能变出一些新鲜花样来，一则可以开胃，二则也能得菜蔬至味。今天听到客人的惋惜声，不禁有动于中，心想日常饮茶只是喝喝茶汤罢了，至于茶叶滋味如何，却没有品尝，茶人饮茶而不知茶叶滋味，有违茶德。于是洗手下厨，用残茶叶做了一道菜肴：肉末炒茶叶。晚饭时将这道"茶菜"摆到餐桌上，不禁令妻儿心眼顿开，大快朵颐，以为胜过山珍海味许多。具体做法如下：

1．喝过的乌龙茶叶底留下，拣去老叶、虫叶及残叶，用清水冲洗干净后挤去残余茶汁，放进盘里。

2．精肉切碎丁，入锅炒熟后也放进盘里备用。

3.另备咸菜丁、青菜段（两者也可不用）、姜末、葱花等。

4.炒锅烧热，倒入适量食用油，青烟略起时，放入姜末及少量葱花炸锅。

5.倒入茶叶、肉丁、咸菜丁及青菜段，颠翻几下。

6.加入精盐及少量味精，撒入葱花出锅。

特点：滋味鲜美，色泽诱人，入口浓郁，清香扑鼻。

以茶叶入菜，自古有之。据《晏子春秋》记载："（晏）婴相齐景公时，食脱粟之饭，炙三弋五卵、茗菜而已。"这里的

明　仇英《松溪论画图》

苍松巨岩、远山近水。临水平坡上，有二老者席地而坐，欣赏画卷，身后树下有石桌，上置茶饮之具。有二童，一童用陶罐汲取溪水，另一童对炉持扇，煎水烹茶。高山、流水、茶事、画事，令人顿生远离尘俗，隐逸超脱之想

"茗菜"大概就是以茶叶入菜的意思。冷香斋主人以为，以茶叶入菜，一定要和肉类相配，这样才能突出茶叶本身的清香味来。另外，最好用乌龙茶，而且以冬茶为妙。冬茶叶底柔软、鲜嫩，没有秋茶或者夏茶的苦涩味，因此最为适用。至于绿茶，似乎用来烧汤或与豆制品凉拌最为得趣，特别是一些高级绿茶，如顾渚紫笋、洞庭碧螺春、午子仙毫、阳羡雪芽等，叶底青翠鲜嫩，用来入菜效果最好。

古德有言：实际理地，不著一尘，万行门中，不舍一法。茶人饮茶虽然只是"细事"，但其中蕴涵的"道"却极大。冷香斋主人今日以茶入菜，为茶又增一德，当无憾于古德此语。

（京华闲人评曰：以碧螺春等上等绿茶包水饺或馄饨味道极佳。方法：取茶十数克以60℃水浸之，以精选肉馅为主料，茶汤置凉后调馅，茶叶切碎搅入馅中，味道极为鲜美。）

茶时：1999年4月4日，上午，阴，蕙兰盛开，幽香浮动，略用过早点后，与妻同饮

茶室：冷香斋

茶品：台湾乌龙茶，约三分

水品：自煎纯净水，质嫩

茶器：常用茶池，注春壶

瀹法：下投

一水、二水：香清幽，入口滑爽，稍有苦重意，余后气，后味稍甘，有津；壶盖有花香，盏底留香

三水、四水：香稍减，入口仍稍有苦意，后味稍甘，有津；壶盖有香，盏底留香

五水、六水：香气幽微，入口淡，后味甘淡，有津

七水：略有香，味甘淡，后味淡，有津

对花饮茶

对花饮茶，自唐代韩愈起，就被列为十六件"煞风景"的事情之一。明人田艺蘅在《煮泉小品》里说："唐人以对花啜茶为煞风景，故王介甫诗云'金谷千花莫漫煎'，其意在花，非在茶也。"意思是说对花啜茶会有损真茶的香味，因此和"清泉濯足、焚琴煮鹤、松下喝道"一样，不足效仿。然而后人也有对此提出异议的，如清人陆以湉在《冷庐杂识》中说："对花啜茶，唐人谓之煞风景，宋人则不然，张功甫梅花宜称有扫雪烹茶一

条。放翁诗云：'花摇新茶满市香'，盖以此为韵事矣。"徐文长《秘集致品》称："茶宜精舍、宜云林、宜幽人雅士、宜衲子仙朋、宜松月下、宜花鸟间……"所以田艺蘅最后也说："若把一瓯对山花啜之，当更助风景。"

冷香斋主人以为，对花啜茶未尝不可，只是所对之花必须要有所选择。凡香气淡雅清幽、花形疏秀高洁的可以对，如梅花、菊花、兰花、茶花等；而香味浓烈粗放、花形艳丽媚俗的则不可对，如牡丹、百合、茉莉、栀子等。比如请人喝茶，文人雅士、清心淡泊之人可以邀请，而市侩权贵、酒色财气之徒就不宜邀请，否则有损茶德。晋时孙绰曾讥讽某人道："此子神情都不关山水，焉能作文！"虽觉刻薄，却也是大老实话。众多能对之花中，我推兰花为第一。

兰花又称国兰，很早就为我国民众所认识，如《诗经·郑风·溱洧》就有"溱与洧，方涣涣兮，仕与女，方秉蕳兮"的诗句。这里的"蕳"就是兰的古字。另外，诗人屈原也在《离骚》里吟诵道："余既滋兰之九畹，又树蕙之百亩。"而孔子对兰更是青眼有加，认为"兰为王者香"，并作有琴曲《猗兰操》，赞美兰花幽雅的香气和高洁的品质，对兰花可谓推崇备至。兰花花形疏秀清雅，香气清幽深长，品茶时茶室里摆上一两盆，最能快人心意。

梅花作骨水仙姿想見
晴窗點筆時添寫朱萸
嫣然笑女兒用臙脂何
觀河東玉用趙叔語
以話墨緣
癸丑仲秋通圃泉城弟記

禅茶诗偈

古书里一般兰蕙并称。宋人罗愿《尔雅翼》记载："兰之叶如莎，首春则苗其芽，长五六寸，其杪做一花，花甚芳香……故称幽兰，与蕙甚相类。其一干一花而香有余者兰，一干五六花而香不足者兰蕙。"兰花又有春兰、寒兰、四季兰等名目。春兰一般在初春开放，四季兰则春、夏、秋甚至春节前后都有花，用来供茶最好。近代韩国、日本和中国台湾、香港等地又有所谓的艺兰，以兰叶上的"艺"（即斑纹）作为审美对象，当属别论。

茶香有花香、果香、清香、幽香的分别，有沉、浮、深、浅、短、长、刚、柔的不同，香以清幽、深长、刚柔兼济为佳，符合这些条件的大概只有兰蕙了。明人罗廪《茶解》在论及茶香时也认为："香如兰为上，如蚕豆花次之。"可惜茶品中具有兰香的为数极少，一般只透清香或栗香，饮茶时如果能供上一盆两盆兰蕙，或许能体味到茶品真情。兰香温雅清幽，不枯不燥，不沉不浮，能益茶德，能尽茶情，用来伴茶最宜。

冷香斋中除常备茶品外，也供有兰品。今天与妻同饮，以蕙兰一盆佐茶，茶香氤氲中不时飘来缕缕兰香，起人幽思。

（京华闲人评曰：皎然有"九月山僧院，东篱菊也黄。俗人多泛酒，谁解助茶香"。可见唐时也有借花助茶的。）

无风荷动

清　杨晋《豪家佚乐图》（局部）

园外翠竹森森，园内古树繁茂，绿草如茵，假山嵯峨。两名仕女在树荫下品茗闲谈。前景中一稚童举扇扑蝶，湖石边一仆正扇火煮茶。园林环境清幽，清茶一盅，足以驱闲消夏

无风荷动

禅茶诗偈

一

道不修兮禅不参，喫茶喫饭困即眠。

闲来篱落石边坐，一架茅蓬一架山。

二

禅不参兮道不修，桃花片片逐水流。

一瓯已尽日将午，坡上谁家水牸牛？

三

禅亦参兮道亦修，径山拂子沩山牛。

春来煎得茶味好，雨外时闻一声鸠。

四

道亦修兮禅亦参，茶杓半曲茶碗圆。

炉烟一篆虚空灭，款款蝶衣护蒲团。

山居纪事

一

南山屋一檐，檐外只青山。

水淡茶香细，春风不肯言。

二

山亭人独坐，煎水试茶汤。

唐虞世已远，弦歌颂文王。

三

寂寂南山上，春来荠麦青。

袅袅茶烟散，佛堂灯独明。

四

春雨细廉纤，蒲团觉暮寒。

茶汤正堪饮，饮罢颂《楞严》。

春日涉事

一

年来心事总寂寥，茶自煎兮琴自调。

炉篆香残人独坐，受持印祖旧文钞。

二

文钞三卷日长参，雨细春深炉半闲。

多少人间名利客，赵州庭下论茶禅。

岁末抒怀

一

布衣宽暖菜根香，茶罢读书滋味长。

岁晚结庐南山上，五陵烟草对斜阳。

二

山中芳草莫嗟呀，岁暮王孙未有家。

百丈坐拥百丈雪，赵州亲点赵州茶。

三

漫将心事赋歌诗，汉韵唐声岁暮时。

腊日茶熟烹细雪，禅心一点意迟迟。

四

禅心一点病中销，桧雨松风破寂寥。

地藏庭前旧石片，倩谁携去拓经钞。

注释：

注一：马祖道一禅师语录："道不属修，若言修得，修成还坏，即同声闻。若言不修，即同凡夫。"（《古尊宿语录》卷一）

注二：《景德传灯录》卷第六《大珠慧海传》载："源律师问：'和尚修道，还用功否？'师曰：'用功。'曰：'如何用功？'师曰：'饥来吃饭，困来即眠。'曰：'一切人总如是，同师用功否？'师曰：'不同。'曰：'何故不同？'师曰：'他吃饭时不肯吃饭，百种须索；睡时不肯睡，千般计较，所以不同也。'"

注三："半窗松影半窗月，一个蒲团一个僧，盘膝坐来中夜后，飞蛾扑灭佛前灯。"（《石屋珙禅师诗集》）

注四：上堂："老僧百年后，向山下作一头水牯牛。左胁下书五字，曰：沩山僧某甲。当恁么时，唤作沩山僧又是水牯牛，唤作水牯牛又是沩山僧。毕竟唤作甚么即得？"仰山出，礼拜而退。（《沩山灵佑禅师语录》）

注五：师举起拂子云。这个是径山拂子。唤甚么作法相。法相既不可得。又知个甚么见个甚么。信个甚么。解个甚么。复举起云。这个是法相。却唤甚么作拂子。拂子既不可得。如是知。如是见。如是信解。又有甚么过。正当恁么时转身一句么生道。千重百匝无回互。大家静处萨婆诃。（《大慧普觉禅师住径山能仁禅院语录》）

注六："昔者庄周梦为蝴蝶，栩栩然蝶也。"（《庄子》）又唐李商隐《无题》诗："锦瑟无端五十弦，一弦一柱思华年。庄生晓梦迷蝴蝶，望帝春心托杜鹃。沧海月明珠有泪，蓝田日暖玉生烟。此情可待成追忆，只是当时已惘然。"

老实吃茶

悼一如居士

戊寅年春四月，修订完最后一篇煎茶日记，不复动笔已近五年矣。其间虽饮茶不辍，然甘淡幽香，尽入喉底，文字般若，偶现杯沿，总成前尘影事、梦幻空华，茶池盏畔，竟无片纸只字留存，静夜思之，有负茶德。偶有朋友问起，也只能一笑了之。且自我宽解曰：宗门以不立文字、以心印心相标榜，凡所有言辞解说，尽属空谭，徒增魔障而已。古语有云，得鱼忘筌，得意忘言，余已尽得茶意，何必再做笔耕奴，扰人耳目？

辛巳岁杪秋，予方养心沣水上，喜逢一如居士过访，素瓷苦茗，做竟日清谈。余出所藏金瓜普洱茶，为三年生茶，香味尚未透发，然肌理缜密，玉色秀润。居士摩挲良久，顾余曰：此茶十年后可与君共饮，君善藏之，至期余必践约。癸未岁春三月，惊悉居士辞世消息，不胜感伤。唐李源与惠林寺圆观禅师相友善，有十年之约。李源如期而往，而圆观禅师已化去有年。正嗟呀间，却有牧童从寺外经过，唱竹枝词曰："三生石上旧精魂，赏月吟风莫要论。惭愧友人远相访，此身虽异性长存。"余与一如居士亦有十年之约，岂料立约未两年，居士竟舍我而去，岂欲效圆观禅师故事耶？何归去之遽然也！尘世碌碌，浮生若梦，十年后，若余之陋质尚遗存人世，至是日必煎茶以俟，居士其能来乎？翻检诗箧，仅得诗稿一札，中有"最忆长安秋月冷，送君归后渑渡桥"之句，岂谶语耶？睹物思人，恍如隔世。而于当日之茶、之水、之器以及茶候、茶汤、茶香、茶味等，竟无一语及之，更无论居士当日之音容笑貌、妙语清谈，至今思之，追悔不已。

唐贞元中，盐官齐安禅师会下有一僧，因采拄杖迷路至大梅法常禅师庵所，有问答，僧归后举似盐官。官曰："我在江西会上曾见一僧，自后不知消息，莫是此僧否？"遂令僧去招之。三国时曹孟德陈兵赤壁，把酒临风，横槊赋诗，中有"契阔谈谦，心念旧恩"之句，感人至深。果敢如曹孟德、落拓如盐官齐安禅师者，尚不能忘情故旧，况余浊世间一落寞书生耶？

张岱公国破家亡，无所归止，乃尽散家财，仅携琴一张、书一囊、茶器一篮，披发入山，冷夜孤灯，无所寄托，乃有《陶庵梦忆》遗世。雪芹兄遭遇变故，落拓街市，绳床冷灶，历十载寒暑，于悼红轩中批阅《石头记》一书，书未尽而芹之泪尽，故有"漫言红袖啼痕重，更有情痴抱恨长"之诗句存世。高才如我雪芹兄、冷峻如我张岱公者，尚不能断绝情缘，况余浊世间一落寞茶客耶？

年来身体不适，遂屏绝人事，工作之余，每日只以读书、弹琴、焚香、坐禅消磨人生，他时唯啜茶汤而已。偶值清心友朋相访，茶汤相待外，了无多语。尘世倥偬，物欲攫人，善良正直之士几无所立足，余尚有何言语？史载王摩诘晚年喜读《维摩诘经》，曾作诗云："晚年唯好静，万事不关心。自顾无长策，空知返旧林。山风吹解带，明月照弹琴。君问穷通理，渔歌入浦深。"遂闭门谢客，与密友裴迪诗酒往来，啸遨辋川山水间，所居唯设茶铛、绳床、佛经而已，饮茶奉佛外，了无一语。余岂王摩诘后身耶？

禅门论茶有三德："坐禅时通夜不眠，满腹时帮助消化，茶且不发。"茶与禅门结缘，实在是诸缘合和的必然结果，茶禅一味之说由来久矣。史载降魔大师叫人坐禅，"皆许其饮茶"，以至于"人自怀挟，到处煮饮"。禅门茶风兴盛一时。据传宋临济宗高僧圆悟克勤禅师曾手书"茶禅一味"四字真诀，辗转传至日本高僧一休宗纯手中，成为日本茶匠代代相传之瑰宝。珠光禅师曰："茶道之根本在于清心，此乃禅道之根本。""赵州知此，陆羽未曾至此。"并最终提出"佛法存于茶汤"之见地，可谓洞彻茶中禅机。

茶、水、茶器、茶汤，器物也，虽非有情，而陆羽《茶经》有述；我、人、众生、寿者，虽复有情，而佛陀愿尽灭度之。故老子有刍狗之说，庄子有齐物之论，孔门有正心之教，佛陀有涅槃之法，这是真正的大慈悲心，非具备大善根、大福德、大智慧者不可信、不可听、不可行也。佛说有情，即非有情，故曰有情。当如此信、如此听、如此行。余乃有情人耶？无情人耶？

时值暮秋，雾雨霖霖，书斋独坐，觉薄寒袭人。于是着雅装，焚篆香，敷蒲团，列茶器，炉煎渭水，茶瀹蒙山，吸幽兰之芳香，啜禅悦之滋味，其间况味，一心自知。噫，唯茶与禅，吾谁与归！今夜当援笔为茶再作日记，发茶之真性情，叙茶之真情怀，写茶之真香、真味，记茶之真事、真迹，寄幽思于茶池盏畔，消磨壮志于茶汤水声中，倘使陆子泉下有知，必当引余以为知己，百年后余直身入其室，当无愧矣。

育祖已来惟务单传直指不立文字以心印心迳路打鼓布列

窣堵鈍置人盖释迦老子三万余会對撒设解立世尊

乾大段周遮是故最後径截省要接最上機雖曰迦葉

廿八世乃示械用多顕理致至米付受之際靡不直而得持如

倒刹竿盖永說针示圆光相鈯赤幡把明鑑说尽鐵鞕

子僧佉偈达麿破六宗與故道之義天下太平番轉我天尔

狗舌神械逆握那樷儀思作而测洞到梁游觌光後顆

言敖外别行界傅心印六代儔依所指题著逆曹漢

大鑒详东说通家通历步说久具正眼大解脫家师庖

革通篁俾不弊名相不涉理性旁說敷出活卓地脱洒

自由妙械逶见杓錄衍明以言逹言以械蔡械以毒攻

妻次用砚用而此流傅七百年年敢不派别各擅家风

浩言車轟莫知紀録然纖其歸著無出直指人心心

既明無虑之毫安稳隔殡服去虑見破我是非知見解金慷

到大伩大默安稳之場岂为二發我而谓百川異流

同歸于海要頂且不向上根器具高議远見百织隆

佛祖志氣然後能深入闻奥慈信得直下把

淨住好勺所證悟若種草捡此切且寶秋慎詞勿

你容敏行也

（京华闲人评曰：余晨起，手捧白茶一盏，为六年之寿眉，其茶性凉，有降心火、扶正祛邪之功效，恰读此文，又值深秋，顿生云树之思，冷兄勿忘添衣。）

茶时：2003 年 10 月 11 日，午后，与了凡、了静二师及两三友人共饮

茶室：终南山某僧舍内

茶品：铁观音茶，三分茶

水品：煎井水，稍老

茶器：紫砂壶，白瓷盏

瀹法：春茶、秋茶各半，下投

一水、二水：香沉郁霏微，悠远深长，沁人心脾。汤色橙黄，入口滑爽，稍具苦意。嚼之有金石感。后气香，后味甘，气韵显。盏底留香，稍有津

三水、四水：香味俱不减，入口甘滑，有津

五水、六水：香味淡，滋味仍不稍减，喉间有蜜意

七水：香幽微，味淡，后味淡然，汤不改色

茶形：色秀润，砂绿显，重结蜷曲，带梗，为铁观音茶中极品

无风荷动

香气：香幽深沉郁，蕴藏茶汤中，高古清雅，叹未曾有

汤色：橙黄色

叶底：叶厚，具绸面光泽，色深绿，略有镶红边，间有残叶、碎叶及虫叶。

简评：清幽高古，有古高士之风骨

不出文记

茶时：2003 年 11 月 1 日，午饭后

茶室：冷香斋

茶品：铁观音秋茶，三分茶

水品：煎纯净水，三沸

茶器：青瓷盖瓯、小盏

瀹法：下投

一水：香霏微半室，沁人心脾，透兰香。汤色橙黄，入口爽利，后气香，后味稍甘，盏底留香，稍有津

二水、三水：香味俱稍减，入口滑利，略有津

四水：香味俱稍淡，稍有津

茶形：尚秀润，稍重结，茶形略嫌大，带梗

香气：香清幽，有兰意，起人幽思

汤色：橙黄色

叶底：叶张薄，叶形小，色苍绿，间有断叶、残叶及虫叶

简评：尚可品饮

茶汤说

饮茶离不开茶汤，说茶同样离不开茶汤，品茶论道更离不开茶汤。茶汤是茶叶冲瀹后的茶水，茶与水相交融，茶即是水，水即是茶，两者不即不离，密不可分，因此称作"茶汤"。老子曰"上善若水"，道出了水之真谛。古人论煎水，以为水功八分，茶只两分，说尽煎水瀹茶之奥秘。

然而自神农氏尝茶到陆羽作《茶经》，历经唐、宋、元、明、清直至今日，对茶事的理解仍仅仅停留在茶品、水品及茶叶冲瀹技法上，而罕言茶汤。陆羽作《茶经》，在"五之煮""六之饮"中虽然对茶汤作了初步描述，尚未登堂入室；宋徽宗著《大观茶论》，则对茶汤之色、香、味作了些微探讨，犹属雾里观花；许次纾《茶疏》详说茶事，细论水功，几及茶汤；罗廪《茶解》论茶汤之色、香、味，渐入佳境。更有精行俭德之士，

明 丁云鹏《玉川煮茶图轴》（局部）

两棵高大芭蕉下的假山前坐着主人卢仝——玉川子，一个老仆人提壶取水而来，另一老仆人双手端来捧盒。卢仝身边石桌上放着待用的茶具，他左手持羽扇，双目凝视熊熊炉火上的茶铫，茶铫中松风之声隐约可闻。那种悠闲自得的情趣，跃然画面

老实吃茶

癖好甘草之徒，虽然茶品与水品并重，但对茶汤却秘而不宣，故田子艺作《水品》，仍属呓语；樵海山人著《茶录》，乃纸上谈兵；屠隆著《考槃余事》，无非隔靴搔痒。老子有言：道之不行，吾知之矣，智者过之，愚者不及也。古代茶人对茶汤这种有意无意间的忽略，不能不说是中国茶道史上的一个缺憾，这也许正是中国茶道未能"大行其道"的原因之一吧。

冷香斋主人饮茶有年，以为茶之色、香、味、气韵等，皆蕴藏于茶汤中，饮茶其实是饮茶汤，说茶同样是说茶汤，品茶论道更是品论茶汤。简而言之，茶道其实就是茶汤之道。

重视茶汤，古亦有之。据苏鹗《杜阳杂编》记载："（唐）文宗皇帝尚贤乐善，罕有比伦……令宫女以下伺茶汤饮馔。"此为茶汤进入皇宫的证据。而五代时期著名词人、五朝元老和凝嗜茶，与朝臣结为汤社，更是一时雅举。此事陶谷《清异录》有载。昔年赵州和尚接引学僧，往往只说"吃茶去"，禅语法言遍布丛林，独得茶汤三昧。日本珠光禅师说："佛法存于茶汤"，并因此创立了草庵茶道，已得茶汤真谛。可见茶汤最早结缘是在佛门禅寺。另外，禅门典籍《百丈清规》《禅苑清规》中多有"茶汤"字句，亦可佐证。此时此处的茶汤已超越了茶品、水品、茶器、冲瀹方法等物质层面，直达心源，直面真我，直接体现茶道精髓。冷香斋主人有感于此，故不揣简陋，作《茶汤说》，以求证于诸方同道。

茶汤是茶叶冲瀹后的茶水，分过滤和不过滤两种。一般而言，绿茶，特别是上品绿茶可以不过滤，由于是透明玻璃杯冲瀹，一杯在手，茶叶在茶汤中翩跹作舞，更增加了茶汤的可观赏性。至于乌龙茶、红茶、花茶、黑茶等，则需过滤后饮用。另有煎茶、点茶之茶汤，当属别论。冷香斋主人论茶汤，仅以过滤后的茶汤为限。

茶汤有冷热，有深浅，有盈亏，有虚实，有甘淡爽利之分，有艰涩柔和之别，今略分为茶汤之色、之香、之味、之气韵论之。

茶汤之色：汤色以柔白雅淡为上，嫩绿清亮为中，橙黄浓重为下。其他各色茶汤又等而下之。以茶品论，绿茶茶汤为上品，乌龙茶茶汤为中品，红茶、黑茶茶汤为下品。

（京华闲人评曰：此论偏颇。几大茶类制法不同，颜色迥异，口感、功效自是各异，汤色优劣当以是否清澈艳亮判定。）

茶汤之味：汤味有甘苦，有轻重，有厚薄，有老嫩软硬之别，有滑利艰涩之辨。对汤味的要求：入口轻，触舌软，过喉嫩，口角滑，留舌厚，后味甘。轻、甘、滑、软、嫩、厚称为茶汤六味。六味俱足者为上品，甘、滑、软、厚四味具备者为中品，味尚甘滑者为下品。

茶汤之香：香有清浊，有沉浮，有短长，有阴阳，有出世入世之分，有婉约粗放之别。婉约则香气幽雅深长，粗放则粗疏短浅，茶汤之香以婉约为贵，粗放为贱。今略分茶汤之香为：浓香、甜香、幽香、清香。浓香如姚黄魏紫，香气馥郁。甜香如月下秋桂，其情最娇。幽香如空谷幽兰，其韵独高。清香如夏荷初露，清芬袭人。茶汤之香以幽香为上品，清香为中品，浓香、甜香为下品。幽香中尤以能出兰香者为绝品。

茶汤之气韵：茶汤气韵以雅淡空灵为上品，具"岩骨花香"者为中品，香味平庸者为下品。上品茶汤能得茶之真香、真味。滋味淡然隽永，香气清幽深长，气韵流动鲜活，香气、滋味俱蕴藏于茶汤中，不动声色，不露圭角，如至人贤圣处世，淡然自足，宠辱皆忘，而其品德、操行足以教化四方。中品茶汤应具"岩骨花香"。"岩骨"指茶汤入口后应有金石感，品啜时有圭角，耐咀嚼；香气幽雅深长谓之"花香"。中品茶汤如仁人君子处世，慷慨激昂，忠勇好义，以思兼天下为己任，以没世不朽为标榜，让人钦羡不已。下品茶汤略具滋味，聊备诸香，香气或浓或淡，滋味或甘或苦，细细品啜，其实平庸。上品茶汤应以清静心证之，中品茶汤应以义气证之，下品茶汤所在皆是，随处可证。

茶汤的色泽、香气、滋味、气韵称为"茶汤四相"，品啜茶

日本室町时代　黄濑户茶碗

汤时能得四相，称为得味，不即不离四相，称为得意，能空掉茶汤四相，方称得道。

（京华闲人评曰："茶汤的色泽、香气、滋味、气韵称为茶汤四相，品啜茶汤时能得四相，称为得味，不即不离四相，称为得意，能空掉茶汤四相，方称得道。"妙论！闲人与之。）

茶时：2003年11月3日，晚，雨雾霏微，薄寒入室，煎水瀹茶，以涤荡秋意

茶室：冷香斋

老实吃茶

茶品：茅山（炒青）绿茶

水品：煎纯净水，水温 90℃

茶器：青瓷茶瓯、茶盏

瀹法：下投，约一分钟后开汤

一水：香气清幽深长，滋味清醇、甘爽，余后气，后味甘，微有津

二水：香稍减，入口仍甘爽，余后气，后味稍甘，稍有津

三水：仍有香，入口爽淡，后味甘，有津

茶形：条索形，稍曲，茶形小，色秀绿，显毫

香气：清香

汤色：淡绿

叶底：多为芽叶，叶底嫩绿，盈盈可爱

简评：幽谷隐客，清雅绝俗

不出文记

茶时：2003 年 11 月 4 日，午后，秋阴重重，觉薄寒袭人，因出冷香斋珍藏山南绿茶，碾之煎之，以尽秋意

茶室：冷香斋

茶品：山南绿茶

水品：煎山泉水，水温 90℃

茶器：青瓷茶瓯、茶盏、玻璃瓯注

瀹法：碾茶后冲瀹，约一分钟后开汤

茶汤：香清幽，滋味清醇，略带金石味。入口滑利，余后气，后味甘淡，有津

茶形：条索形，细小如蚁，色秀绿。入石碾后，色翠绿如玉屑，嗅之有山林气息

香气：清香

汤色：翠绿，色略沉重

叶底：玉屑盈盈，起人幽思

简评：与子期兮幽谷，芳霏霏兮袭予

唐　佚名《唐人宫乐图》

该图描绘后宫嫔妃十余人，围坐于一张巨型的方桌四周饮酒、品茗、赏乐的宫廷生活场景。桌上放置一个盛满了茶汤的茶盆，饮用时用长柄茶约将茶汤从茶盆中盛出，舀入茶碗饮用。这是晚唐宫廷中茶事昌盛的佐证之一

煎茶的乐趣（一）

我国茶叶冲瀹技法经历了由粗到精、由精入微复归于自然的一个过程。唐以前都属于粗放式煮法，即煮茶法。陆羽在《茶

无风荷动

经》里则大力提倡煎茶法。饮茶发展到宋代，更趋精致，形成了独特的点茶法。在陆羽创立的煎茶法里，是将碾罗后的茶末投入煮沸的茶釜中直接煎煮，和煮茶法还有许多共同处；而宋代的点茶法则是将碾罗后的茶末投入茶瓯调膏后用沸水冲点，已和煮茶法有了明显区别。

元明时期我国制茶技术发生了重大变化，散茶开始大量出现，团茶逐渐退出。散茶的出现必然要求饮茶方法有所改变，于是简便易行的"冲瀹"法便应运而生了。"冲瀹"俗称"冲泡"，也有称"撮泡"的，是指将散茶直接放入茶器中以沸水冲泡，不炙、不碎、不碾、不罗，不但简便易行，也最能得茶之真香、真味。据明代陈师《茶考》载："杭俗烹茶，用细茗置茶瓯，以沸汤点之，名为撮泡。"置茶于茶瓯中，以沸水冲泡，称"撮泡"，或简称"泡茶"，此法沿用至今。

清代继明代遗风，茶风虽然兴盛，但由于加入了一些关外民族的文化色彩，茶道艺术已没有自宋至明那样的疏朗明净之感了，煎茶法也渐次湮没。至于今天仍流行于广东潮汕地区的"工夫茶"法，也有学者认为是陆羽煎茶法的遗存，可备一说。

以上简单回顾了我国煎茶法的发展历史和隐含其中的文化内涵。其实，煎茶法之所以能流传千年而不衰，和煎茶过程中的乐趣是分不开的。

南宋 刘松年《撵茶图》此图以工笔白描的手法，细致描绘了宋代点茶的具体过程。画幅左侧共两人，一人跨坐于一方矮登上，正在转动石磨磨茶；石磨旁横放一把茶帚，是用来扫除茶末的。另一人伫立茶案边，左手持茶盏，右手提汤瓶点茶；他左手边是煮水的风炉、茶铫，右手边是贮水瓮，桌上是茶筅、茶盏、盏托以及茶罗子、贮茶盒等用器

无风荷动

老实吃茶

首先是末茶的乐趣。

所谓末茶是指将团茶（或散茶）经过炙茶、碎茶、碾茶、罗茶等过程后得到茶末，这个过程称作末茶——即将茶饼（或散茶）磨碎的意思。唐代茶末一般较为粗糙，陆羽在《茶经》里注释说：末之上者，其屑如细米；末之下者，其屑如菱角。白居易《谢李六郎中寄新蜀茶》："汤添勺水煎鱼眼，末下刀圭搅麴尘。"李群玉《龙山人惠石禀方及团茶》："碾成黄金粉，轻嫩如松花。"这都是描绘末茶的诗句。至宋时，则要求茶末越细越好。如范仲淹《和章岷从事斗茶歌》："黄金碾畔玉尘飞，碧玉瓯中翠涛起。"李清照《小重山》："碧云笼碾玉成尘，留晓梦，惊破一瓯春。"至于当今的散茶，末茶时则不需要炙茶、碎茶的过程，直接碾茶、罗茶就可以了，比起古人简便了许多。碾茶时不但能欣赏到茶末清香的气息，更能领略到玉屑出磨、玉珠散落的无穷乐趣，其间境况难以言说，只有亲自动手碾茶、煎茶方能领略其中一二。

南宋著名茶人陆游在《效蜀人煎茶戏作长句》诗中吟诵道："午枕初回梦蝶床，红丝小硙破旗枪。正须山石龙头鼎，一试风炉蟹眼汤。"说尽了碾茶、煎茶的幽况，值得我们细细品味。

当今的散茶在碾茶时不可过细，经过初碾（笔者注：只碾一遍称作初碾）就可以了，如果经过复碾（笔者注：再碾一遍称作复碾），茶末过细，反而不利于冲瀹和过滤茶汤。

煎茶法所选茶品也很讲究，我选用的是炒青绿茶，茶形紧细，茶色秀润，香高韵长，可煎煮，耐冲瀹，最适宜煎茶法使用，值得推荐。

比起末茶，煎水就显得尤为重要。因为"相传煎茶只煎水，茶性仍存偏有味"（苏辙《和子瞻煎茶》）。煎水的关键是"候汤"。水有一沸、二沸、三沸之说，一沸水嫩，三沸水老，只有二、三沸之间的水恰到好处，称为"中汤"（见苏廙《十六汤品》）。煎水时有"鱼眼""蟹眼""松风""桧雨"的说法，古人茶谱、茶论中记述很多，可以参看。古人有分"候汤"为气辨、形辨、捷辨的（见张源《茶录》），其中关键在于心领神会，我将之称作"神辨"，如能达到"神辨"的境界，方称"煎水"。

至于煎茶时的冲瀹方法就比较简单了，将末茶投入茶瓯冲以沸水就可以了。投茶量比通常的绿茶冲泡法要少一些，也可根据客人口味酌情增减。

冲瀹后的茶汤需要过滤后方能饮用，茶汤色泽以淡绿清亮为上。

煎茶过程要求气定神闲，如闲庭信步，如优游林泉，如作画，如鼓琴，如吟诗，不可草率，更不可敷衍。特别是碾茶时，动作一定要舒缓、轻巧，扫茶末、入茶末时，更不可毛手毛脚，否则茶末四处散落，景象会很狼狈。

使用煎茶法滤出的茶汤和冲瀹法滤出的茶汤差别很大：色泽会稍重一些、浑浊一些（古人做饼茶时务去其膏，就是此意），但滋味会醇厚一些，最妙的是饮后有"金石感"，真个是"口不能言，心下快活自省"，其间况味，只有亲身经历过方可体味。

（京华闲人评曰：可做教材看。）

茶时：2003 年 12 月 28 日，晚饭后，与妻共饮。

茶室：冷香斋

茶品：铁观音茶，三分

水品：煎纯净水，三沸

茶器：素瓷盖瓯、盏

瀹法：下投

一水、二水：香清幽，入口尚滑爽，后味略有苦意，盏底留香

三水、四水：香味俱稍减，入口稍滑利，稍有津

五水、六水：香味俱淡，入口淡，仍略有苦意，稍有津

茶形：色秀润，曲结，带梗，

香气：香清幽，略深长，略有兰意

汤色：橙黄色

叶底：叶张薄碎，略具绸面光泽，色深绿，无镶红边，间有残叶、断叶及老叶。

简评：尚可品饮

老实吃茶

我国吃茶之风由来已久。据史料记载，汉代已有吃茶习俗，自晋入隋延绵至唐时，吃茶之风大兴，以至于"人自怀挟，到处煮饮，从此转相效仿，遂成风俗"（唐·封演《封氏闻见记》）。"两都并荆渝间，以为比屋之饮。"（唐·陆羽《茶经》）另据《封氏闻见记》卷六"饮茶"条载："楚人陆鸿渐为茶论，说茶之功效，并煎茶炙茶之法。造茶具二十四事，以都统笼贮之。远近倾慕，好事者家藏一副。有常伯熊者，又因鸿渐之论广润色之。于是茶道大行，王公朝士无不饮者。"在唐代茶风的激荡下，自宋、元、明、清直至民国，饮茶之风不断；当今更是茶风昌盛，我国已成为世界上真正的"吃茶"大国了。

无风荷动

吃茶即饮茶的意思，古代都写作"喫茶"。古文里"吃"东西的"吃"本字作"喫"，"吃"是汉字简化后的写法。《说文解字》里解释"喫"说：从口，契声，本意为喫东西，这里引申为饮茶。如《五灯会元·卷第三》"庐山归宗寺智常禅师"条载：师乃打翻茶铫，便起。泉曰："师兄吃茶了，普愿未吃茶。"师曰："作这个语话，滴水也难销！"再如卢仝《走笔谢孟谏议寄新茶》："柴门反关无俗客，纱帽笼头自煎吃。""吃"在此处都作"饮"解。

　　说到吃茶，不能不提到禅门吃茶之风。佛教是世界三大宗教之一，西汉末年从西域传入我国，东汉初年开始广为流传。隋唐时期，"不立文字、教外别传"的禅宗在我国开始确立，至唐代中叶以后，禅门茶风兴盛，出现了"无寺不禅，无僧不茶"的坐禅嗜茶风尚。据《百丈清规》及《禅苑清规》所载，僧人们煎水煮茶或点茶称作煎点，煎点好的茶水称作茶汤，投放茶叶称作下茶，分茶称作行茶，饮茶称作吃茶等，都有相应规约，不可随意为之。另外，禅寺还专设"茶头"，用以煎水瀹茶，供奉大众茶汤。禅门茶风发展到南宋为最鼎盛期，五宗七派业已划分完毕，茶道艺术也已达到顶峰，著名的径山茶会就形成于此时，并对日、韩两国茶文化产生了巨大影响。我国茶文化诞生于两汉之际，兴盛于唐宋之间，衰落于明清之后，其兴衰期恰好与禅宗发展不谋而合，所以禅门与茶结缘，实在是诸缘合和的必然结果。禅门里曾出现过许多吃茶高僧和居士，如泰山降魔禅师、南泉普愿禅师、赵州从谂禅师、庞居士、圆悟克勤禅师等。禅门茶风在我国茶道史上的地位是不可磨灭的。

老实吃茶是一门学问。要吃出茶中学问，要领悟茶中至道，就必须老实吃茶。

老实吃茶的关键在于"老实"二字。老实者，恭敬也，诚实也，守信也，不欺诈也。历史上是褒义词，时下成为贬义词，这里沿用历史上的词义。茶人应该按汲水、备器、添炭、煮水、备茶、投茶、瀹茶、出汤、分茶、饮茶等程式老老实实做来，认认真真对待，不懈怠，不敷衍，这样才叫做老实吃茶。不可粗心大意，不可一日无茶，这样才称作老实吃茶。

老实吃茶的关键在于以平常心品饮，以清静心品饮，每次品饮都要做记录和总结。茶煎好了，要总结；茶没有煎好，也要总结，以能使每一品茶的茶性完全显露出来为能事。煎茶之功是老实吃茶的基本功夫。但切不可为吃茶而吃茶，要知道吃茶是有禁忌的，如空腹不饮，身体有病时不饮，心绪不宁时不饮等。

茶品不宜多，每日品饮次数也不宜多。陆羽《茶经·五之煮》中说："茶性俭，不宜广，广则其味黯澹。"茶器不可过求奢侈，简朴实用最好。茶有九德，俭德其一。总以精行俭德为茶

人操守。

经过一段时间老实吃茶后，必定会在茶道方面有所领悟，对茶汤的感受也日益直接和深刻。此时更应该时时刻刻把茶放在心里，老老实实煎水，老老实实吃茶，这是初入门的功夫。每次吃茶毕，不妨扪心自问：吃茶是谁？总有一天会豁然领悟，快乐无比。这仍然是初入门功夫。到得功夫纯熟，此时漫天地莫不是茶，随处可饮，到处可吃，其间受用难以言说，这是入门后景象。至于悟后之事，冷香斋主人尚在门外，不敢臆说。

冷香斋主人经常对朋友讲：煎水、瀹茶、吃茶为茶门三件事，领悟了这三件事，才算真正会吃茶了。茶门三件事必须老实去做，事必躬亲，不可让人替代。诸如汲水、添炭、备器、涤器等，都应该亲自操作，这是老实吃茶的基本要求。茶门要有规约、有威仪、有礼法，不可等闲为之。如此，方有茶道可言。

佛门有"老实念佛"之说，为近代印光大师所极力提倡，以念一句"阿弥陀佛"为倡导，接引众生，断疑解惑，为佛门积福不少。

茶门"老实吃茶"之说，冷香斋主人以为也应该大力提倡。如果大家都能老实吃茶，老实做人，老实做学问，对归复中华茶文化和茶道精神不无益处。

愿大家都能老实吃茶。

（京华闲人评曰：好文。知老实吃茶者方可称茶人，唯茶人方可以茶入道。）

茶时：2004 年 1 月 23 日，晴，有风。午饭后，与妻共饮

茶室：冷香斋

茶品：铁观音茶，三分茶

水品：煎纯净水，三沸

茶器：素瓷盖瓯、盏

瀹法：下投

一水、二水：香清幽深长，入口滑爽，后味甘，盏底留香

三水、四水：香味俱稍减，入口滑爽，后味甘，有津

五水、六水：香味俱淡，入口爽淡，后味甘淡，有津

茶形：色秀润，曲结，带梗

香气：清幽深长，有兰意

汤色：橙黄

叶底：叶张稍碎，具梗，略具绸面光泽，色深绿，间有镶红边，间有断叶、残叶。

简评：香深味醇，茶中珍品

吃好茶

今天是年初二，午饭后，煎水瀹茶，与妻共饮。

虽然正值寒冬，但因久旱不雨、不雪，气候偏暖，阳光透过玻璃窗照在茶室里，快然明亮。然而毕竟是冬天，窗外花架上的几盆兰草在风中摇曳着，显出瑟瑟寒意。茶室中的盆兰已然吐花，曲成 S 状的花梗上错落有致地攀缘着十几朵兰，有的含苞，有的怒放，还有数朵或三或两地微翘着花瓣，宛若戏曲里青衣常用的兰花指，而幽幽兰香已霏微半室了。茶炉上水已半沸，声如涛涌；影碟机里播放着吴兆基先生弹的古琴曲《渔歌》，吟猱蕴藉；茶器已经齐备，素雅的青瓷盖瓯、茶盏，陪衬着古色古香的茶池、茶罐，未曾饮茶，嘴角心窝已满是茶意了。

茶是好茶，水是好水，投茶量、冲瀹方法也恰到好处。摇香、开香后瀹茶、滤茶、注茶，浅浅淡淡的茶汤半盈在青瓷素盏里，望上去雅淡清亮，香迫眉睫。妻才轻轻吃了半盏，眼角眉梢已全是笑意，说：今天的茶好，哪个茶？我笑着说这是今年最好的茶，一直养在茶罐里，舍不得一个人吃，留着过年与夫人一起吃的，并趁机"汇报"了价格。妻有好茶吃，已不太计较茶价了，了不为意地说：我虽然不懂茶，但知道哪个茶好喝。这样好的茶也确实值这个价。我也笑着说：有好茶吃，有好音乐

老实吃茶

唐　周昉《调琴啜茗图》。庭院里桂花树和梧桐树盛放。一位贵妇端坐在石凳上抚琴，另外两名侧身倾听。两名女仆在一旁端茶侍奉。抚琴、品茗、听乐，一派闲散恬静的内闱生活景象。调琴和啜茗的妇人肩上的轻纱滑落下来，显示出慵懒寂寞之态

无风荷动

听，有好兰花可赏，花些银子也值得。

一水、二水直至七水，七水茶汤吃完，已是神清气爽了。幽幽兰香不时透过茶息的重重封锁，袭人鼻端。最后的半盏清水里竟也蕴满了茶香兰意，沁人心脾。

袅袅"渔歌"声不知何时已经停息，阳光依然明亮，洒在静静茶室里，充满暖意。

（京华闲人评曰：室中有此茶友，冷兄胸中块垒当已消去大半。）

茶时：2004年2月3日，上午，晴。离家数日，盆兰悄然作花，芳菲袭人，居室顿生山林之意。于是阖户牖，关手机，盥手更衣后，煎水瀹茶

茶室：冷香斋

茶品：铁观音茶梗

水品：煎纯净水，水温96℃

茶器：石臼、茶箕、青瓷茶瓯、茶盏、玻璃瓯注

瀹法：碾后瀹之，约一分钟后开汤

一水：香清幽，滋味清纯，略有草青味。入口爽利，稍苦，

微有津

　　二水：香幽微，滋味清淡，仍有草青味。入口爽利，稍苦，
微有津

　　茶形：茶梗

　　香气：清香

　　汤色：橙黄，略沉重

　　叶底：茶梗

　　简评：有介君子，苦梗有味

煎茶的乐趣（二）

　　近几年来，品饮乌龙茶又有带梗和去梗之分。一般而论，
带梗茶滋味略显清薄，香气稍宿杂。而去梗茶滋味厚重，香气
清醇。

　　带梗茶的出现，一方面是机械化采茶带来的结果，另一方
面则是社会普遍浮躁情绪在茶业界的反映，而商家也趁机炒作，
使得带梗茶能合理"入瓯"，并成为新卖点。

　　考之茶史，唐以前的煮茶法都是带梗而煮的，有如煮菜汤

明 居节 《松泉煮茗图》

巨松参天、泉水淙淙。二高士居松泉之间，闲谈清怀，童子汲水烹茗，一派闲适的士大夫优游生活景象

一样。唐以后随着饼茶的出现，饮茶已从最初的生活品饮提升到了艺术品饮、精神品饮高度，特别是经过陆羽等茶人的大力提倡，那种"茶粗器糙"式的煮饮法逐渐被淘汰，取而代之的是精致的煎茶法，仅茶器就有二十四件之多，以至于"王公之门，二十四器阙一，则茶废矣"（陆羽《茶经》）。饼茶和煎茶法的出现，对成品茶要求越来越高，譬如宋代采茶，有只采一叶一芽的（名旗枪），有只采两叶合抱一芽的（名雀舌），更有只用芽心一缕的（宋代名为"冰丝银缕"），对茶青的要求几近苛刻。所制团茶也有龙团、凤饼、密云龙、龙团胜雪等名目，其细致精微让人叹为观止。至于茶梗，自然是弃去不用了。

明代废除团茶，此后散茶大兴，但采摘加工仍然精细，不让唐宋。明清时期散茶制作也要去梗，即使是叶张稍老的芥茶，也绝不带梗。至于砖茶、沱茶、黑茶等，因为是粗茶，所以带梗。

直至近几年，带梗茶忽然应运而生了。

除了上面所说两方面原因外，可能还和目前社会上流行的崇尚自然、返朴归真的思潮有关，另外，也不排除受了日本煎茶的影响。因为涉及面较广，在此不作过多探讨。

然而煎茶梗确实别有滋味。

茶梗是我特意嘱咐某茶店老板娘预留的，只让她剪取一些

无风荷动

上品铁观音茶梗，以便煎茶用。等我有时间去取时，她竟提出一大袋茶梗来，诧异之余，问她怎么会这样？老板娘笑道，剪下的茶梗反正也没人要，您都拿去做枕头吧！我只有苦笑，拎着一大袋茶梗回了家，做枕头之余，留出一些，以便煎煮品饮。

因茶梗较粗硬，不便入磨，只能用石臼捣碎，以便煎煮。捣茶梗时用力要匀，茶梗碎裂即可，不可捣烂，否则影响茶汤滋味。捣后只用茶梗，其余碎末弃去不用。

茶梗捣好后，就可以煎水瀹茶了。

水近三沸时，提壶离炉，烫洗茶瓯、茶盏毕，将茶箕中茶梗投入茶瓯，投茶量与铁观音略同；茶梗要洗两遍，洗茶后沸水冲瀹，约一分钟后开汤。过滤后的茶汤呈橙黄色，色泽稍显沉重，没有铁观音茶汤清亮；品饮起来也与铁观音茶汤不同：香气虽然幽微，但有一种特殊的、类似于幽谷山林的气息，耐人寻味；茶汤滋味清醇中略显淡薄，入口稍苦重，触舌略硬，后味淡，稍有津。因茶汤略带草青味，仅二水即罢。

苏轼曾在《和钱安道寄惠建茶》一诗中写道："纵复苦硬终可录，汲黯少赣宽饶猛。"今日煎茶梗，虽然不甚得味，但能得其苦其硬，也算稍有意味，是为记。

（京华闲人评曰：硬里难觅宽转地，苦中滋味欲何求？）

茶时：2004 年 4 月 30 日上午，春晴，天气闷热，与弟子如慧一起煎水瀹茶

茶室：冷香斋

茶品：秋兰香单丛，六分

水品：煎自来水（贮放水缶中一昼夜），三沸

茶器：盖瓯、茶盏

瀹法：下投

一水、二水：香气幽雅，入口滑爽，稍具苦意，后味醇和，稍有津

三水、四水：香味俱不稍减，后味稍甘，有津

五水、六水：香味俱稍减，后味甘淡，有津

七水：仍有香，滋味甘淡醇和。七水饮罢，舌面茶津甘润，通身快活

艺可载道

弟子如慧上午打来电话，说要来冷香斋饮茶。与如慧许久不曾谋面了，正好今天事情也不多，于是就答应了。

茶是去年茶友寄赠的凤凰单丛茶，还剩下一些，一直养在

茶厨中，以待清心茶友一起品饮。

水是自来水，贮放于水缸中一昼夜，用来烹茶最宜。

蟹沫初生时，门铃响了，是如慧，她一直都是个很守时的人。我卷起茶帘，望着一脸热汗的如慧，笑道：先去洗手洗脸，喝杯温水解渴，今天我们一起品饮凤凰单丛茶。

从一水到七水，茶香幽然，滋味甘淡平和。虽然香气淡了一些，但口感却比起去秋醇和了许多，似乎更耐品饮。

如慧虚心好学，乘间请教冲瀹单丛茶的奥秘。冷香斋主人饮茶后欢喜，于是一边略进茶点，一边简略谈了谈自己冲瀹单丛

茶时的一些感受和心得。

　　冲瀹单丛茶的最大特点，可用一个"快"字来总结：投茶快，洗茶快，出汤快。

　　（京华闲人评曰：确是冲泡单丛茶的要领。）

　　单丛茶的投茶量一般应控制在五六分满，水沸后温瓯烫盏，然后投茶。投茶后不摇香，略略覆盖即可。洗茶要快，可用"间不容发"来形容。如济经常讲，煎水瀹茶如同作诗一样，也要

无风荷动

讲究起承转合；如同泼墨一样，也要讲究浓淡干湿；如同抚琴一样，也要讲究轻重缓急；如同参禅一样，也要讲究明心见性。冲瀹凤凰单丛茶，投茶、洗茶一定要快而且轻，这样才能发茶香、益茶味，才能顺茶理、尽茶情。

单丛茶出汤也要快。第一水不超过 3 秒，第二水不超过 5 秒，至第六水时不超过 30 秒。这样冲瀹出的茶汤不苦不涩，品饮最宜。

由于出汤快，所以从一水直至七水，中间不用换水或再加热，一壶水一冲到底，可谓畅快淋漓。

另外，三水后可翻一下茶瓯，如果冲瀹得法，茶胆紧抱成团，瓯底香气最为优雅纯正。

冲瀹单丛茶和乌龙茶有一定区别，而且冲瀹难度似乎要大一些，手法上也更加讲究，如果冲瀹不如法，容易苦涩，有违茶道。

记得有一次和茶友们一起品饮单丛茶，茶友执壶，由于冲瀹不如法，从一水直至六水，茶汤苦涩不堪，七水只能作罢。如济当时心存疑惑，因为这家茶楼用的是终南山泉，是如济亲自评定的，难道是用水的缘故？几天后再次去茶楼，仍然用同样的水、同样的茶、同样的器具，如济亲自执壶，结果茶味大佳。楼主高兴，说：今天由冷香斋主人亲自执壶，茶味果然不一样呵！

如济过去说得最多的，是有关茶文化、茶道方面的话题，很少涉及茶叶冲瀹技法，因为这些属于技术层面，不宜过多关注。但"艺可载道"，如果不能很好理解和掌握茶叶冲瀹技法而片面强调茶道精神的话，就会有"坐而论道"的讥讽，于提倡茶道精神也不相符合。其实冲瀹一杯色、香、味、韵俱佳的茶汤是很不易的，冲瀹茶汤的技艺也就是我们常说的"茶艺"。如果换一个角度理解，这样的技艺其实也就是"茶道"了。

然而如果我们过分沉湎于茶汤的色、香、味、韵这四相的话，也是不合适的。因为说到底，茶叶冲瀹技法其实只是心法，没有爱茶、敬茶、饮茶之心，是很难冲瀹好一盏茶汤的。如果说饮茶有道的话，大概就是这个道理了。

今天正好弟子如慧问到这个话题，不免"借题发挥"一下，作"艺可载道"说，以供大家参考。

（京华闲人评曰：无艺不足以载道。茶艺是泡茶者与品茶人使品茶从物质层面上升到精神层面活动过程的总称。它包括选茶、择水、配具、冲泡、品饮、感悟几部分。冲泡技艺的好坏占很大一部分，心法则是技法的灵魂。）

茶时：2004 年 6 月 10 日，下午，晴，与两三茶友共饮
茶室：冷香斋

无风荷动

茶品：南山毛峰、安吉白茶、罗岕茶

水品：纯净水，水温 90℃

茶器：玻璃杯、紫砂壶、瓯注、茶盏

瀹法：下投，约一分钟后开汤

简评：

南山毛峰茶：自然仙品，香清味醇

安吉白茶：文人雅士，幽雅绝俗

罗岕茶：山林隐逸，气韵深长

注：南山毛峰系绿香君所赠，安吉白茶系阮浩耕先生所赠，罗岕茶系寇丹先生所赠。

饮茶歌诮寇丹先生

君称湖州狂寇，我号长安班马。

狂来三军偃息，鸣时天龙喑哑。

淡斋同吃岕茶，杼山共说茶话。

竹叶萧萧兮洞箫低吟，茶烟袅袅兮梵呗清心。

聆君高谭兮三论西江之水，我独会心兮阅此惚恍之真。

薄茶半盏兮祭我茶圣陆羽，冰心一壶兮凭吊皎然诗魂。

君子气味如兰兮，忘年相知莫诧。

料想陆子皎然，也是个中措大。

他日与君重逢，还当共吐酸辣。

（京华闲人评曰：余尝有诗云：狂叟七十名寇丹，只身坐镇大江南。谈经每令群生动，纵笔常欺星斗寒。偶向塔前怀释子，长居茗上伴茶仙。痴情至此缘何事，只恐前身号玉川。此老颇为有趣。）

茶时：2004 年 6 月 20 日上午，晴。昨晚小雨，今日天气凉爽，与三四茶友共饮

茶室：北京风雅颂名人俱乐部

茶品：西湖龙井茶、午子仙毫茶、罗岕茶

水品：纯净水，水温 90℃

茶器：玻璃杯、盖瓯、横把茶壶、茶盏

瀹法：下投

简评：

无风荷动

西湖龙井茶：为浙江茶研所提供，外形挺秀、秀润，香气清幽，滋味淡然，余味绵长

午子仙毫茶：为陕西唐名绿茶公司提供，外形雅洁、挺秀，香高味醇，足称仙品

罗岕茶：为寇丹先生提供，外形粗放，色黄褐，显毫，香深味老，气韵幽长

燕京茶会

六月十八日，应朋友邀请，赴京参加活动。活动结束后，联系北京两三茶友，约定二十日上午在北京风雅颂名人俱乐部做茶会。

二十日上午九时许，余着一袭青布衣衫，携洞箫一、茶囊一，与茶友准时抵达会所门口。叩门后，会所主人骆芄芄女士应门，茶室已布置妥当，两三茶友已在座，略略寒暄后，来客签名。余濡毫泼墨，以兰草一丛、茶盏二三作小幅茶画，并题款曰：君子之风，其味如兰。掷笔、落印，墨迹宛然。主客俱大喜，以为得茶之助也。

风雅颂名人俱乐部为中国国际茶文化研究会燕京会所，布

置幽雅，陈设多为明清家具，其一老匾额上书有"君子之风"四字，笔力苍劲，恰与余所题画同一滋味，实乃巧合。主人雅好茗饮，精于篆刻，引领客人参观会所完毕，茶会开始。

主人先用玻璃杯冲瀹西湖龙井，深得茶味。

余继而用盖瓯冲瀹西乡午子仙毫，色、形、香、味俱佳。

两道茶毕，主客交谈间，一女怀抱琵琶至，两三曲毕，主客悄然；稍后，继以《月儿高》，主客俱喜；曲毕，琵琶女斜抱琵琶，曼声询问：诸君愿听《琵琶行》乎？余笑曰：昔日香山居士贬谪江州，赋《琵琶行》，诗中有"江州司马青衫湿"句。余生不偶，形同沦落，不知余得闻此曲，衣衫上是否也会印染泪痕？琵琶女笑而不答，轻拢慢捻，悄然数声后，时光仿佛又回到了一千多年前的那个秋夜……

琵琶女一曲奏完，主客鼓掌，并请余吹第一曲，余欣然应诺，并请求琵琶女伴奏。先吹一曲姜白石的《鬲溪梅令》，继之即兴吹奏一曲，曰《青衫》，主客欢颜，已到茶食时间。

琵琶女姓名俱不记，因着红色上衣，余以"小红"称之。昔日白石道人辞别石湖，有"小红低唱我吹箫"句，与余今日境况相仿佛，亦奇事也。

茶食毕，开始冲瀹罗岕茶，香深味老，主客俱叹息不已。

约中午一时许，主客依依相别，并许以他日再作茶会。

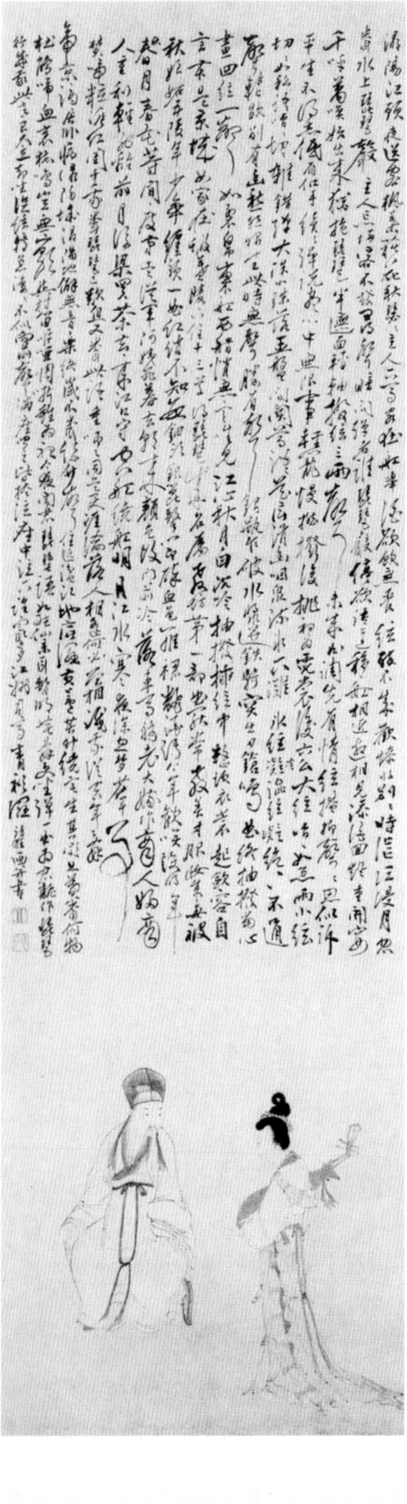

明 郭诩《琵琶行图》

参加此次茶会者：燕京骆芃芃、张荷、徐一平，长安马守仁、许汉生、刘强。是为记。

听小红弹奏《琵琶行》有感

去年秋老月沉沦，半抱琵琶半拢云。

今岁愁裳犹遮面，江州司马泪痕新。

纤纤玉指千秋恨，浅浅茶瓯一世心。

多情谁似南山子，趺坐孤吟慰诗魂。

（京华闲人评曰：罗岕茶为明代贡茶，不见于世久矣，闲人亦得之于湖州寇丹先生，并为此茶单独组织了一次鉴赏会，得到了与会者的赞赏。）

茶时：2004 年 9 月 16 日，上午。窗外雨声沙沙，秋景飒然，于是烹茶以志幽兴

茶室：冷香斋

茶品：山南绿茶

水品：煎纯净水，水温 90℃

茶器：青瓷茶瓯

瀹法：煎茶法

一水：香清幽，透栗香。入口爽利，后味甘，有津

二水：香清幽，入口爽利，有津

三水：微有香，味淡，有津

秋水（四）

现代人跻身于喧闹的都市中，山水、江水、井水俱不可得，只有自来水可以饮用。自来水一般采用地下水、江水、河水、湖水等，经过沉淀和氯化物净化处理而成。如果用这样的水来煎水瀹茶，虽然在煮沸过程中会散发掉一些氯气，但仍会使茶汤鲜爽度降低。由于我国大部分城市的供水系统比较陈旧，铁锈、污垢及微生物等大量存在，这些都会影响茶汤的香气和滋味。常用的办法是将自来水静置过夜，让水中的氯气自然散发，使堆积物沉淀，第二天取水时，只取上层三分之二水，然后再用来煎水瀹茶，效果会好很多。

贮水的用器称作水缸，以明清时期的青花、粉彩瓷器或陶瓷为佳，如果有一件唐代或宋代的瓷器，那更是茶人梦寐以求的事情。但这样的水缸只能说说而已，不敢奢望，再说也和茶道简朴的精神不符。所以普通的瓷罐就可以了，大小以能贮放三千

清 黄山寿《品茗图》

翠竹婀娜，湖石嶙峋，蕉叶葱茏。一文士坐于大石上，旁有童子侍立，身后摆放着若干书卷。画面左下方的石几上已支炉煎水，一红衣侍女手持蒲扇坐于一旁，想是刚刚扇过火。夏季日长，园中清幽，读书品茗，正可「偷得浮生半日闲」

无风荷动

毫升水为适用。为了清洁，可考虑在缸底铺一层细河沙或山泉石，能起到沉淀和净化水质的作用。田子艺《煮泉小品》里说："移水取石子置瓶中，虽养其味，亦可澄水，令之不淆。黄鲁直《惠山泉》诗'锡谷寒泉椭石俱'是也。"水缸上要覆盖，竹盖、木盖、蒲草盖均可，以蒲草盖为佳。用水缸贮水，每天都要换水，一星期清洗一次，以使洁净。如果长时间不用，可将水缸里的水倒掉，并使水缸保持干燥，以待日后使用。

放置水缸的茶室要清幽，不可有油烟气、酒肉气及其他异味。水性属阴，喜静，嘈杂和有异味的环境会影响到水质。

另外，取水用器也很重要，称作水枓或水瓢，用以将水从水缸里取出。水枓有竹制的，也有木制的，最好用瓢——俗称葫芦瓢。冷香斋取水用的葫芦采自终南山，直径约六公分，剖开后正好两个水瓢，一取名"汲直"，一取名"一勺"。"汲直"已残，"一勺"仍悬挂在冷香斋里，供煎茶时取水用。竹枓容易开裂，可制作数把备用。另有椰壳瓢，也可取用。

修习茶道首先应该从养水开始。养水包括择水、贮水和取水三个步骤，上面都已作了简单介绍。养水用器以简朴、适用为要，不追求奢华，不必要古董，不可将世俗陋习引入到茶室里来，这些都和茶道精神相违背。另外，养水时的懈怠和随意态度也不可取，这也不符合茶道精神。古人有"拆洗惠山泉"的做

无风荷动

法，虽然不值得提倡，但这种对煎茶用水孜孜以求的精神却值得我们后人借鉴。冷香斋主人以为，以"清静心养水"为上乘，其他斯下矣。

（京华闲人评曰：前日偶识一君，自云于贵州境内访泉一千五百余眼，终得一泉，名之曰"黔山秀水"，欲以之挑战天下名水，可谓趣人。）

茶时：2004 年 9 月 23 日，午后，与明净、明因两师共饮

茶室：兴教寺僧寮

茶品：铁观音茶，三分茶

水品：煎深井水，三沸

茶器：白瓷盖瓯、盏

瀹法：下投

一水、二水：香清幽，入口尚柔顺，后味略粗浊，盏底留香

三水、四水：香不稍减，后味仍粗浊，盏底留香，稍有津

五水、六水：香味俱淡然，稍有津

茶形：色尚润，曲结，稍显重结

香气：香清幽，略深长，儒雅宜人

汤色：橙黄色

叶底：叶张稍薄碎，间有残叶、断叶及老叶

简评：尚可品饮

兴教寺吃茶记

许久没有去兴教寺看望如济的皈依师常明老和尚及道友明净、明因两师了，心里总惦念着，却一直未得空闲。弟子如嫣寄了几听普陀佛茶来，舍不得喝，一直留着，好茶要用来供养诸佛菩萨和大德高僧呵。

快到山门口时，明因师已远远地走过来迎接了。看到明因师明亮的头额和清瘦脸颊上的笑意，一路上的劳累似乎已忘记了大半，真有一种回家的感觉呢。

常明老和尚外出了，不在寺中，我托明因师将茶叶收存好，到时候供养老和尚，又拿出几样茶，是分别送给明因、明净两师的。洗漱过，换过衣衫，明净师也过来了，略略寒暄后，敷座瀹茶。

第一道茶是如济携带的铁观音，今年的早秋茶，由如济执壶。水刚冲入壶里，茶香已夺壶而出，香高而韵长。汤色澄亮，滋味爽口，饮至七水，仍有茶香盈鼻，而茶息已在腹间咕咕作

无风荷动

响矣。于是略进茶点。时节尚未至中秋，一些居士已将月饼提前供养了庙里的僧人们，正好用作茶点。用罢茶点，又泡了壶普洱（生普）及陈年乌龙，俱不得意，因为气味宿杂，没有前一泡铁观音清纯，于修道不宜。

最后一道茶来到明净师的僧寮饮用，也是铁观音茶，由明净师亲自执壶。明净师泡茶很专心，这是我第二次见他泡茶了，时隔一年，不但茶器已经齐备，泡茶的手法也很讲究，竟然也用上了"兰花指"。明净师解释说：他从小就习惯于兰花指，开始也不知其然，后来出家了，才知道翘指原来和修道的果位有

明 钱选《萧翼赚兰亭图》（局部）

此图描绘唐太宗御史萧翼从王羲之第七代传人的弟子辩才手中将天下第一行书《兰亭集序》骗取到手献给唐太宗的故事。画面左下角一文士左手持茶铫、右手执竹夹，正在煎水煮茶，一侍者端起茶盏，准备奉茶。此图可谓唐代寺庙茶事礼仪的传神写照

关。如济大喜，笑道：希望明净、明因两师能将茶法先从寺庙里普及开去，如果真的那样，不但自己能证得果位，于我们这些芸芸众生也是功德无量呵。明净师笑道：我们是出家僧众，饮茶只是为了助道，真正弘扬茶法还需要居士这样的人去做呢。其实在两师的带动下，寺里已有十几位出家人经常饮茶了，有几位居士还和明净师习茶修禅呢。说话间，茶已开汤，香气清幽儒雅，更有一种平和之气，不似如济泡的茶，茶香中每多几分逸气。

泡茶时一定要将身心摄住，这样茶汤的香气和滋味就不会散乱。明净师边奉茶边说道。我轻啜一口，笑道：茶香清幽平

无风荷动

和，但滋味还有一些粗浊，若不是明净师以禅心护持，这茶是没有这个滋味的。明净师也笑道：这茶其实只是一般，关键看是谁在泡茶了。我今天亲自冲泡，也就是想让你了解所谓的"茶禅一味"到底是什么样子的。我点头称是。我知道明净师说的是实话，毫无自负之意。

和尚盏底冷香很优雅，有一种出世间的韵味。佛说《金刚般若波罗蜜经》道："善哉，须菩提，如汝所说。如来善护念诸菩萨，善咐嘱诸菩萨。""善护念"三个字很重要，摄心不乱，深得三昧方称作"善护念"。应用到茶事上，煎水瀹茶时一定要专心致志，心不散乱，以定力护持茶汤，这样泡出的茶汤不但能得真茶滋味，更能体味出幽幽禅味。三水已过，已经快下午五点钟了，寺院里很静，秋光透过窗棂，洒落在僧寮里，静谧而祥和，更增添了些许禅意。

茶一直泡到七水，明净师分茶罢，我端起盏，在鼻端轻轻一嗅，又放回茶池。看到明净师也拿起盏，我问：这一盏茶……明净师笑道：对不起，刚才说话，分茶时心有些散乱。我又端起盏，在鼻端轻轻一嗅，笑道：现在已经不再散乱了，是吧？明净师笑道：不错，我已将身心重新摄住了。我也笑道：古德讲，赵州验人端的处，等闲开口便知音。从一盏茶里，我们不但能品饮出茶汤的香气滋味，更能品饮出瀹茶者的禅心禅意，我已从刚才的这一盏茶汤里得到了验证，真是其言不虚呵。

五点钟了，我起身告辞，明净、明因师还要上殿作晚课呢。

走出僧寮，秋阳已迫近殿角，更增添这千年古刹的庄严与恢弘之气。一位老和尚手执禅板，敲击着从大殿经行。上殿的时候到了。

走出山门时，鼻尖嘴角还氤氲着茶香茶味，心里却在想：不知什么时候才有空闲，能再来和两师一起饮茶呢。

（京华闲人评曰：好茶！）

平常心是道

怀念苦茶和尚

　　师俗性周，福州福清县人，幼失祜，依长安外祖家。外祖父母相继去世后，舅母待之甚薄，师不堪。适有僧自终南来，师尾随其后，迤逦三十余里。僧人觉，欲遣师归家，师涕泣以告，僧人怜之，携之入山。舅母家亦不甚寻找，师竟从此落发，皈依了缘庵了缘老和尚，法名了因。时在辛丑年腊月，师年仅十岁。

　　师幼聪慧，禀赋过于常人，凡佛经、古文章等皆过目不忘，尝言这些都是过去世所读书，今生不过略过目而已。

师容貌清癯，形容儒雅，望之若不胜衣。虽然粗布僧衣，却洁净雅素，萧然如遗世独立；又如弱柳扶风，婀娜多态。如济曾戏称师为"柳三郎"，并赋诗嘲之曰："娉娉袅袅柳三郎，一袭僧衣改旧装。奉旨填词君记否？章台系马柳丝长。"盖用宋朝著名词人柳永故实。

师形容虽文弱，然天生义胆，侠僧情怀，常以慈悲心度人，以佛法晓人。山民无知，闻师说法，辄大笑之，师从不介意，仍然因缘说法，因有"疯和尚"之绰号。

恩师了缘患疾，师日夜奉侍汤药，不离榻前半步。尝入山采药，辗转数十里山路，师一身独行，不畏艰辛。侍候恩师半年有余，了缘病愈，而师病甚。了缘怜之，为之诵经十日，师病始渐愈。

"文革"期间，有山民入山避难，十数人手持刀械，臂戴袖章，汹汹追来，扬言若不交人，便杀人放火烧庵。了缘惧，欲遣山民，山民苦求，了缘一时无计；师挺身出，晓以佛理，动以人情，众人哪里理会，挥刀直上，师从此损却一足，故又有"跛道人"之绰号。

呜呼，以师之高才峻德，竟有如此遭遇，造化之捉弄人亦何甚也！而师坦然处之，了不为意。善哉，师之慈悲情怀也。

无风荷动

师嗜茶，而南山无茶，师采柏叶、枸杞、甘菊花等煎水煮之，并自得"茶"乐，因铭其茅舍曰："苦茶庵"，自号"苦茶和尚"。及有茶饮，师每至春时，仍采柏叶、枸杞、甘菊花煎水煮之，啜之不已。如济之能知茶、爱茶、饮茶，实受师之影响，至于煎水瀹茶诸技，更是师之所赐，如今号称"知茶"，其实惭愧。

师善属文，曾有《山居吟》一编，感慨沉吟，良多佳句，后竟亲手焚毁。尝言语言文字，徒增魔障，于修道无益，故焚之，如济为之扼腕不已。只仿佛记得其中一首曰："山居无岁月，山槐岁岁香。长养山僧眼，山菊披绣裳。"另有《苦茶庵》诗曰："苦茶庵里苦茶僧，诵罢佛经诵茶经。半盏清茶半席地，出头忽见四山青。"

己卯年春，师来长安，如济因出所著《冷香斋煎茶日记》三卷示之，师阅后叹赏不已，以为可置于许然明《茶疏》、屠长卿《茶笺》间者。如济因求师作序，师慨然允之。两月后如济访师于苦茶庵，师煎茶以待，因问作序之事如何？师笑而不答。吃茶罢，师袖出日记文稿，不但序文已脱稿，且每篇章后皆有点评，蝇头小楷，端正秀丽，细读词句，如饮佳茗，隽永异常，且能时时以佛理晓之，师之用意可谓深矣。欢喜之余，问师以何相酬？师笑曰：得君佳文、佳茗，颇能破寂寥、慰情怀，何用酬谢？如济喃喃，相约文稿付梓后更携佳茗上山。师笑而允之。

辛巳年春，如济始得闲上山，而苦茶庵已人去屋空，蒿草满阶。询问山民，言师早于两年前离山，至今杳无音讯。惆怅之余，于石阶上煎水煮茗，分茶以待，冀师复来，直至近黄昏时，仍不见师踪影，方悻悻下山。

据《五灯会元》卷三"大梅法常禅师"条记载：唐贞元中，盐官会下有僧，因采拄杖，迷路至庵所。问："和尚在此多少时？"师曰："只见四山青又黄。"又问："出山路向甚么处去？"师曰："随流去。"僧归举似盐官，官曰："我在江西时曾见一僧，自后不知消息，莫是此僧否？"遂令僧去招之。师答以偈曰："摧残枯木倚寒林，几度逢春不变心。樵客遇之犹不顾，郢人那得苦追寻。""一池荷叶衣无尽，数树松花食有余。刚被世人知住处，又移茅舍入深居。"

师莫非欲效大梅法常禅师故实，"又移茅舍入深居"耶，呜呼，何弃如济之速也！

或者欲效隐元禅师故实，一航东渡，远赴岛国日本耶？

师久有东渡日本之志。尝言自明末以来，佛法渐渐东移，所谓"拨尽洪波千万顷，拈花正脉向东开"，正是这一历史事实的写照。要恢复佛法，有必要向日本借鉴，要具有隐元禅师当年东

煎茶の流行と製茶法の確立

中国では明の時代頃から煎茶道が盛んになり、文人のたしなみのひとつとされていましたが、この習慣や道具を日本に

馬に乗る松尾芭蕉
蕪村画『奥の細道図屏風』より

隠元像　（黄檗山萬福寺）
１６５４年来朝。黄檗宗の開祖。

隠元が伝えた明の煎茶道具

渡的精神，如此，禅宗血脉或可接续。如济于此不懂，不敢妄言，只能唯唯。

师平生所重者，唯隐元隆琦禅师。隐元禅师俗姓林，福州福清县人，明朝崇祯十年（1637），任黄檗山万福寺住持。清顺治十一年（1654）三月，应日本佛教界邀请，率弟子大眉等二十余人，东渡日本。有告辞法语曰："老僧事事无能，滥主黄檗十有七载，有负檀信者多……所以三请而来，一辞便去，遵上古之清风，为今时之法则。未有长行而不行，行即行也。且道途中得力一句么？拨尽洪波千万顷，拈花正脉向东开。"同年七月抵达长崎，受到日本僧众数千人之隆重欢迎，此后参问不绝，时有"古佛西来"之称。宽文元年（1661），创建日本"黄檗山万福寺"，是为日本禅宗又一大宗派——黄檗宗。隐元禅师在日本传播禅法的同时，也将明代的烹茶法带入日本，并形成了颇具影响力的日本"煎茶道"。

时值末法，戒律松懈，僧众混杂，师之志向才气其实难以实现。呜呼，师立志何其高迈超远如斯也！

然师一穷和尚，除一衫、一钵、一壶外，身无长物，如何东渡？悲哉，师之济世情怀也！

既惊且疑之余，如济只有焚香和南，希冀师之宏愿能实现一二。

自戊寅年及今，如济不复做文已五载矣，近日始稍稍有所记述。然如济之文无师点评，如无睛之龙，了无精神，师如有知，能来重评如济之文乎？

犹记当日与师论文情景。如济问曰：和尚在评语里说，山僧最喜他不出文记，省却多少笔墨口舌！如果不出文记，和尚评个什么？师啜茶毕，擎盏问：是什么？如济道：和尚莫要瞒我，这是古人的公案，和尚自己怎么说？师不语，放盏踏门而去。如济当时不能领会，近日始稍稍体悟一两分。善哉，师接引如济之婆心也！

今日煎茶独饮，忽然念及师缘，不胜感慨，师其能归来乎？

子期死，伯牙不复鼓琴；嵇康刑，阮籍醉酒避世；师已离去，如济之文却倩何人评点？如济亦当退笔入冢，不复著述矣。

彭泽亡，昭明太子为之萃集文稿；雪芹泪尽，脂砚斋为之评阅文章；如济之文他日或有高才如昭明太子、脂砚斋辈为之萃集、评阅亦不可说，又何必生退笔之念？且煎水瀹茶之余，偶为一二闲文，于人于己皆有裨益，何必为一穷和尚斤斤计较笔墨口舌呢？

且如济之文本来非文，是为如济之文；如济此等文，又何必要人萃集、评阅呢？

譬如盏中之茶，牛饮是饮，如济饮也是饮，曾无区别；既如此，何必区分牛饮、如济饮呢？又何必有饮茶之说呢？又何必有煎茶日记留驻人间呢？

盆兰独开，幽香满室，盏冷茶凉，空余冷香。

师其能来乎？如何了却如济吃茶公案？

（京华闲人评曰：冷兄今年夏日来京，嘱予为其文作评，予应之，时未读此文；七月下旬得文稿，时赶编另一本书，未能动笔，亦未读此文；月前开始践约，然边读边评，仍未睹此文，直至今日点评至此方读到此文。吁，予夏日读此文，必拒冷兄之请；七月读此文，必回冷兄之约；践约之时读此文，必用另一种评法，谓不敢与禅僧并立也；此时读此文，始而惶恐，继而释然，终而感叹。我与冷兄结缘于赵州柏林禅寺，续缘于京华碧露轩，缘深于冷兄之相托书评，却成为识了因师之缘起。妙哉，如是因缘，虽知其性亦空，仍不能免俗，临风慨叹，唯愿将来有缘与了因师、冷兄饮茶于斗室，神游于物外，以解今日之相思。）

茶时：2005 年 3 月 6 日，上午，晴，独坐瀹茶

茶室：冷香斋

茶品：山南毛尖茶

水品：煎自来水，水温凉至 80℃

茶器：常用茶瓯、纳茶纸、茶匙等

瀹法：下投，煎茶法

一水：香清幽，略透栗香，入口鲜醇，后味甘，稍有津

二水：香清幽，味鲜醇，汤色绿亮，翠叶盈盈可爱，稍有津

三水：香幽微，仍有味，有津

茶形：条形紧细，稍呈扁状，色秀绿，嗅之清香

香气：清香，略透栗香

汤色：绿亮

叶底：嫩绿，多为嫩芽，间有一旗一枪者

简评：此茶为冷香斋珍藏茶品，茶芽细嫩，茶香清幽，茶汤入口鲜醇，后味甘香，为绿茶中珍品。尤为可贵的是，此茶冲瀹至三水时，茶心依然不减，很耐冲瀹，堪称一绝。

平常心是道

平时大家在一起饮茶，经常说到"平常心"这三个字。什

么是平常心？我个人以为，平常心就是无是非心，无人我心，无分别心，也就是清净心。平常心不是我们现在的这颗心。我们现在的这颗心也叫"肉团心"，充满妄想，充满疑虑和忧惧。这个是烦恼心，是虚妄心，不是平常心。

作为茶人，应该有一颗平常心。

平常心要从日常茶事过程中渐修顿悟，此时无是非，无取舍，无造作，无欲无求，真真切切，明明白白，谓之平常心。

什么是道？"道"有道路、方法、规律、途径等多重含义。茶道的"道"可以简单理解为煎水瀹茶的方法。

有僧人问马祖道一：如何是道？马祖回答：平常心是道。（引自《景德传灯录》）

可见，"道"原本是很平常的，并不神秘。譬如煎水瀹茶，如果我们真的用心品饮一碗茶汤的滋味，这就是茶道，并无其他。

所以，我们日常煎水瀹茶，一定要以平常心善待一切，这样才最接近于道，才能品饮出茶汤滋味，才能在每日的茶事过程中体悟至道。

今日春晴，独坐无事，于是煎水瀹茶。水用自来水，贮放于水缸中一昼夜。茶为冷香斋珍藏茶品，产于山南。茶过三水，茶津濡濡，一心清净而生欢喜。欢喜之余，忽然领略到平常心在煎水瀹茶中的妙用，于是铺纸濡墨，作此闲文一则，以求证于诸方同道，是为记。

（京华闲人评曰：果然平常，道寓其中。）

茶时：2005 年 3 月 15 日，晴，午饭后煎茶独饮

茶室：冷香斋

茶品：日本静冈煎茶，每碗投茶量约 2 克

水品：煎自来水（贮放一昼夜），近三沸，水质嫩

茶器：茶碗三只，水缸、水杓、纳茶纸、茶匙、茶叶罐等

瀹法：下投，煎茶法

一水：香气清幽，略有草苔味；入口甘淡，后味稍回甘，有津

二水：香味俱不稍减，入口甘淡，三碗饮罢，喉间甘润，舌间茶津濡濡

茶形：干茶针形，细长挺直，色青幽苍润，嗅之清香

香气：香气清幽，略有草苔气息

汤色：清幽淡雅，清澈绿亮

叶底：叶张较完整，多为带梗嫩叶

简评：清幽雅淡，于道相宜

无风荷动

品读静冈煎茶

煎茶每年都喝，非为解渴，也不是因为好喝，仅仅是为了领略一番日本茶的独特风味。

这些茶都是朋友从日本带回或寄来的，有抹茶，也有煎茶，个人则比较喜欢煎茶。煎茶有拇尾的，有宇治的，也有静冈的，都有其独特的韵味。

日本绿茶分抹茶和煎茶两种，均属于蒸青绿茶，其加工方法源于中国唐宋时期，而且一直保留到今天，几乎没有太大变

明 仇英《写经换茶图卷》（局部）
本画描绘赵孟頫写般若经与和尚换茶的故事。松林、
竹篱，赵孟頫踞石几作书，中峰明本禅师与之对坐。
后设茶具、炉案。一侍童正在煎水亭茶

化。今天所品饮为静冈煎茶，茶形细长挺直如松针，色泽苍幽青润，干茶嗅起来有股淡然的清香气味，略略近似于海藻的气息。

水近三沸时离火，涤器后备茶。由于是针形茶叶，而且很坚挺，取茶时要小心，否则会弄断茶叶。日本煎茶加工很精细，一般不用洗茶，注入三分之一水略作温润即可。然后注水至七分满，约一分钟后，就可以开汤品饮了。

一水时茶香很清幽，有一丝淡淡的海藻的气息。茶汤入口甘淡，几乎没有苦涩。细细品味，于淡然中却别有滋味。饮至第二碗，舌尖已有茶津涌出。至三碗，喉间甘润，茶津濡濡。此时再细细品读，只觉甘香满口，茶息满腹，不似先前的清幽淡薄了。

品饮日本煎茶，你开始想到的不会是日本樱花，感觉仿佛来到了海边，独自趺坐于一方苍幽青润的礁石上，清澈的海水冲刷着你的双脚，脚边是翠绿海草和细鳞游鱼；春天亮丽的阳光从天边洒下，你的发间有些暖意，而你的心里却很静，能听见海草呢喃的细语。这时你才会想起樱花，想起茶道、花道、香道；想起和服，想起艺伎，想起三味琴，想起浮世绘，想起和歌、俳句，想起日本尺八吹奏出的那似曾相识的音律。有时你会感觉到紫式部似乎就坐在你对面，给你讲述《源氏物语》里的一些人物和故事。当然你也会想起八百年前的那个春天，一位离开家乡已近五载的日本僧人终于回来了，他卸下行装，甚至来不及喝一口水，就将包裹在布囊里的十几粒种子洒在寺院后面的空地上，这是他从遥远的南宋国带回来的最珍贵的东西——茶籽。

这是他第二次去南宋国了，他这次西行的目的，除了学习禅法外，也要学习那里的生活，特别是饮茶的方法。他准备写一本书，取名《吃茶养生记》，进献给当政的赖实朝将军。他要改变日本人不懂得吃茶的陋习，因为这不但不利于身体发育，也对日本民族文化发展有影响。

这位僧人就是被尊称为"日本茶祖"的著名禅僧——荣西和尚。

奥
高
丽
茶
碗

　　荣西认为，日本人"恒生病，皮肉色恶"的主要原因是不喝茶的缘故。而当时的南宋国是人人都吃茶的，而且个个学问渊博，举止儒雅，言谈有味。"故大国独吃茶，故心脏无病亦长寿也。我国多有病瘦人，是不吃茶之所致也。"他感叹说："贵哉茶乎！上通诸天境界，下资人伦矣。诸药各为一种病之药，茶能为万病药而已。"他要将这样的"灵丹妙药"推荐给赖实朝将军和其他朝臣们，最终要让所有日本人民都能认识到饮茶的好处，并且品饮到日本生产的茶叶。

　　八百年时光很快就流淌过去了，如今这些茶树已经长得有

茶盏粗细了。幽雅的环境，湿润的气候，这里是最适宜茶树生长的地方。茶树分蘖很茂密，茶芽绿嫩，如果你凑近了观赏，能看到绒绒茶芽上凝结着的颗颗晶莹露珠。每到春天，寺院里的僧人们依然会来到茶园里采茶，并沿袭古老的茶叶加工方法进行制作。茶叶冲瀹方法也是寺院里一直流传下来的，这是当时南宋国的皇族、文士以及寺院禅僧们常用的茶叶冲瀹方法——煎茶法。

茶园边立着一方石碑，上面刻着"荣西禅师遗迹之茶园"几个汉字。由于年代久远，字迹已经有些模糊了。

我的眼睛也有些模糊，大概是在海边坐久了的缘故吧。

寺院里的僧人们吃罢早茶，正在做功课。茶庭的绿苔上印着几行清晰的屐齿，一管清流从竹筒里泄出，滴落在莲瓣形的石质洗手钵里；水面上漂浮着几片云影，如同悠扬梵唱，在寂静的远山间回荡。

茶叶加工很精细，每一片茶叶都是手工采摘的，在蒸笼上杀青后稍做揉捻，然后烘干贮存。贮放茶叶要用陶罐，三个月后开罐品饮，这时茶叶的香气和滋味最好。冲瀹后的茶叶叶底柔软、嫩绿，让你感觉到春天似乎就蕴藏在碗底。

茶叶是珍贵的，不仅因为它特殊的历史，更因为它本身所具有的优雅品质和丰富的人文内涵。这是来自遥远的南宋国的茶籽，它们的叶脉间流淌着一位古代禅师的慈悲和关爱，以及那

常人难以企及的般若智慧。

　　品饮这样的茶汤，你心里会很平静，没有喧嚣，没有呐喊，没有不平，没有忧伤，也没有喜悦。饮茶不仅仅是为了解渴，当你平静面对一碗茶汤或者一片茶叶时，你是在品读历史，品读文化，品读东方延续了数千年的优雅和文明。

　　余下的一碗茶汤早已凉透了，细啜一口，仍有一股淡淡的海藻气息。

　　手机的轰鸣声将我从遥远的遐思里呼回，掀开机盖，是朋友打来的，约我晚上去吃牛羊肉泡馍，吃完泡馍后喝普洱茶，他请客。

我婉言谢绝了，并轻轻合上机盖。

窗外的春光依然亮丽，可不知为什么，我心里却有一抹淡淡的忧伤。

茶时：2005 年 7 月 8 日，雨后初晴，与二三友人午后饮茶

茶室：清心茶房

茶品：径山茶，茶友惠赠

水品：煎山泉水，过三沸，水质稍老

茶器：玻璃杯两只，茶盏五只，纳茶纸、茶匙、茶罐、茶巾各一

瀹法：中投，煎茶法

一水：茶汤雅淡，香气清幽，入口甘淡，回味甘香，稍有津

二水：香味俱不稍减，入口甘淡，稍有津

三水：香味俱稍减，入口淡，余后气，后味甘淡，舌间茶津濡濡

茶形：条索状，稍卷曲，色青翠，显毫，嗅之清香宜人

香气：香气清幽

汤色：清幽淡雅，嫩绿清亮

叶底：多为芽叶，间有断叶、残叶及焦叶

简评：清幽雅淡，于道相宜

品饮径山茶

径山茶几年前品饮过，感觉颇佳。以为千年古寺风韵犹存，饮后能起人千古幽思。今年夏月，茶友茶蘪岛主惠赠上品绿茶数种，其中就有一小罐径山茶。收到茶后，舍不得独自享用，一直珍藏在冷香斋中，以待闲暇时与知心茶友一起品饮。恰巧昨日好茶斋主人来电相约，于是携茶前往清心茶房吃茶。

踏着石阶缓步而上时，已隐约听到茶房里播放的梵唱了。抬头间，茶房的小伙计已在两旁恭候，问讯后，带我来到茶座前，撩起藏青色短帘，就看到了独坐一隅的好茶斋主人。

好茶斋主人姓赵，是几个月前才结识的茶友，喝过几回茶后，言谈稍觉有味，于是就成了茶友。前些日子他答应给我治两方印，我则答应以普陀佛茶一听见赠，昨日打电话来，说印已经治好了一方，约我一起吃茶赏印。略略寒暄后，他取出镌刻好的印方来，印面约两公分，上镌"冷香斋藏书"五个白文篆字，布局规整，刀法苍古，颇具汉印风味。边款曰："仿汉白文印，为马守仁先生治。己酉焦月于好茶斋。"正欣赏间，清心茶房主人法如师也过来了，于是邀请我们到前面大厅的禅床上吃茶，那里更宽敞一些。

首先冲瀹的是武夷岩茶，由清心茶房新聘茶艺师陈小姐冲泡。趁着饮茶间隙，我从茶囊里取出径山茶来，打开罐，一股幽幽的香气萦绕鼻翼，仿佛置身于江南的山林古寺间，清幽无比。好茶斋主人是出了名的"好茶之徒"，他接过茶罐，一边欣赏干茶的茶形和香气，一边问：还有什么好茶？我笑道：好茶很多，如茅山茶、罗岕茶、普陀佛茶、日本煎茶等，不过我们今天只喝径山茶。好茶斋主人问：你说的罗岕茶，可是张岱《陶庵梦忆》里《闵老子》一文中提到的罗岕茶？我笑道：正是这个茶。今年湖州的茶友寄了多半斤茶来，过些日子我们一起品饮。说笑间，茶已尽七水，到了品饮径山茶的时候了。

径山茶我亲自冲瀹。冷香斋主人冲泡绿茶极其简单：只用一方茶巾，一柄茶匙，一块纳茶纸，两只玻璃杯和数只茶盏而已。两只玻璃杯一只用来泡茶，一只用来凉水并兼做公道杯用。由于刚才冲瀹武夷岩茶时水已过三沸，我先将沸水注入玻璃杯降温至80度左右，然后开始冲瀹径山茶。径山茶叶芽细嫩，茶形稍稍卷曲，我采用中投法，先向杯中注入五分之一温水，然后投茶，略略温润后，再冲入温水约八分满，约一分钟后，开汤品饮。

第一盏茶是奉佛的，第二盏茶奉给在座的出家人或长辈，然后才依次序奉茶，最后一盏茶冷香斋主人自奉。茶汤入口甘淡滑嫩，有着江南绿茶特有的清幽和甘香。三水毕，喉间甘润，余香满口，其间况味，真个是"口不能言，心下快活自省"。

径山茶是浙江传统名茶，以产于余杭径山寺而闻名。径山寺始建于唐，宋时被誉为江南五山十刹之首，径山也因此被誉为"江南第一山"。据《续余杭县志》记载："产茶之地有径山四壁坞及里山坞，出者多佳，凌霄峰尤不可多得……径山寺僧采谷雨茗，用小缶贮之以馈人。开山祖法钦师曾植茶树数株，采以供佛，逾年漫延山谷，其味鲜芳特异，而径山茶是也。"南宋时期，日本先后派遣多名僧侣，来径山寺参研佛学，回国时带去径山寺茶叶和种茶、制茶方法，同时，还传去供佛、待客等饮茶仪式，这是日本"茶道"最初的形式。坐在宽敞的禅床上，品饮着径山茶，我的思绪仿佛也回到了一千多年前的幽幽古寺，聆听阵阵梵唱，品尝浅浅茶香，这真是人生的一种福报呵。

对于江南绿茶，冷香斋主人一般只冲瀹两水，因为茶味不厚的缘故。但今天径山茶却冲瀹到了三水，过滤好茶汤后，再将奉佛的第一盏茶汤倒回公道杯回向，茶汤滋味竟然不再淡薄了。饮罢最后一盏茶，好茶斋主人拿起茶罐说：马老师，剩下的这

明　杜堇《梅下横琴图》

老梅虬曲如苍龙盘空，红梅绽开，远处云雾中峰岫出没；士人倚坐树干，手抚琴弦，仰视梅花，旁有童子煮茶捧盏伺候。抚琴、望梅、品茗，这些带有符号意义的行为表达了士人高雅的情趣和高洁的品行

些茶我就拿回去喝吧。我连忙抢回茶罐说：这可使不得，就这么一小罐茶叶，还要和其他茶友一起品尝呢。好茶斋主人笑道：就知道你舍不得！人家都说，马老师什么都可以给人，就是好茶叶舍不得给人。我笑道：不是舍不得，是因为好茶得来不易，应该和更多的朋友一起分享，岂不闻古人曾说：好茶独啜心有愧吗？径山茶我自己一直珍藏着舍不得吃，今天才拿出来和大家一起分享，也就是这个意思了。法如师也在一旁频频点头说：这也是佛门吃茶的规矩之一。好茶是一定要和朋友们一起分享的，因为真正好茶，不但汤色、香气、滋味宜人，更难得的是其中蕴含的意蕴和文化，而这样的意蕴和文化是要和两三知心茶友一起品饮并领悟的。所以说到底，所谓上品茶叶，其中蕴含的不仅仅是天地日月精华，更重要的是中华民族五千年的历史文化积淀和人文精神内涵，如果没有后者，那就仅仅是解渴的饮品而已。

饮完径山茶，已经下午四点多钟了，该回家了。我收拾起茶囊，和法如师、好茶斋主人、泡茶的陈小姐一一道别后，走下石阶，走出了清心茶房。

茶房外依然嘈杂，但径山茶清幽的茶香还萦绕在胸腹间，让人难以释怀。

（京华闲人评曰：日本之"茶道"，源于径山茶宴。闲人尝有诗曰：霞蔚云蒸形胜地，行僧惊起老龙眠。峰奇曾引东坡句，水洌今留陆羽泉。谁把佳茗成寺礼，却随禅规付辨园。一衣带水分夷夏，茶道原来出径山。）

云月斋饮茶记

北京每年都要去一两趟，参访茶友，参加茶文化交流活动，顺便到各处茶楼、茶馆、茶庄坐坐，说茶话、结茶缘、叙茶谊，领略一番首都的茶文化气息。

这次利用去北京开会的机会，我专程拜访了云月斋主人滕军教授。

滕军教授现供职于北京大学日语系，主要教授日本传统文化课程，曾出版过《日本茶道文化概论》《中日茶文化交流史》《茶文化思想之研究》（日文版）等多部茶文化专著，在茶文化界有很大影响。

赴京之前我先给滕军教授去了电话，大概约定了茶会时间。开完工作会议，晚上又再次和滕军教授通话，确定茶会具体时间。

第二天上午约九时许，我准时在北京上河村小区门口下了车，滕军教授的家就在这里。打过电话，滕军教授到门口接我，略略寒暄后，一起进了家门。

换过鞋，主人首先领我来到茶室外的花园里参观。

花园不大，约有五十多平米，依栏杆种植着花草及爬藤类植物。由于昨晚刚刚下过雨，草叶上还残留着点点雨露，颇觉清心。栏杆外是公用花园，主人在这里手植有石榴、柿树各一株，因为花园去年才落成，树木只有茶盏口粗细。柿树底下落了不少青柿，主人弯腰将青柿一一拾起，不无惋惜地说：柿子又落了，有什么方法能让它不落呢？我笑道：柿树就是这样，必定要落下许多青柿，然后才能挂住果子。

参观完花园，主人领我来到客厅，一面说话，一面为茶会做些准备。茶几上放置着一套日本茶道用器，包括茶炉、茶釜、茶筅、怀纸以及盛放薄茶的枣等，一应俱全，是主人给学生上课时用的。

云月斋就位于客厅一侧，很小，不足6平方米，布置却很精心：靠里墙一侧立茶橱，摆放着茶壶、茶盏、茶叶罐、茶洗、茶池、茶局等各种茶器。一侧设花架，花架上一尊景泰蓝花瓶，花瓶中插着几枝月季，花瓣上雨珠如滴，显然是主人一大早从花园里采摘的。茶室中央是一台嵌贝花梨木圆形茶几，旁设五只圆鼓形茶墩。茶室里茶挂共计四幅：已故著名茶学家庄晚芳先生题写的"至人无几天下茶士皆知有"立轴一幅；北京骆芃芃女

士书写的"天行健君子当自强不息"立轴一幅；浙江李茂荣先生书写的陆羽《茶经》立轴一幅；最后一幅"才高八斗"斗方却出自茶室小主人之手，显得很有意趣。

第一道茶由茶室主人冲泡，茶品为西乡午子仙毫。茶器采用玻璃壶，茶汤冲泡好后分注于茶盏中饮用，这样既能品饮茶汤，也能欣赏茶形，可谓方便之举。

由于是夏天，我出行都携带一把蒲扇，上书一个"南"字，是"南无阿弥陀佛"六把蒲扇中的一把。饮茶时，主人将刚才在花园草地上捡拾到的五六个小青柿放在蒲扇上，并将蒲扇小心翼翼地放在茶台上观赏。青柿上沾了一些泥沙，衬托着藤黄色蒲扇和蒲扇上的墨书朱印，有一种自然清寂之美。

饮完一道茶，茶室小主人恰好也回来了，于是品饮第二道茶。

应茶室主人邀请，第二道茶由我冲泡。茶品为台湾高山乌龙茶——大庾岭茶，据主人介绍说，是西南大学刘勤晋所赠。茶器则用主人珍藏的台湾青花工夫茶器一套，包括茶壶一、茶盏四、闻香杯四。据主人介绍说，这套茶器系台湾茶人范增平先生所赠予，壶底镌刻有"茶味禅意，范增平题"等字样。播放的音乐也是主人平素喜欢听的《老寒茶曲》，是石家庄一位名叫龚爱武的茶友特意赠送的。

云月斋里的茶器、茶品、茶挂包括茶曲都是茶友们赠送的，

无风荷动

"我觉得这样很好，每次喝茶时都能让我想起他（她）们以及茶友间的这份真切情谊"。

茶室主人无限深情地说道。

备茶、投茶、瀹茶、出汤，当清澈的茶汤注入青花茶盏时，一股淡淡的幽香立刻弥布在小小茶室里，更加温馨了茶室氛围。

第一盏茶汤是用来奉佛的，然后是茶室主人，然后是主人之子，最后一盏茶自奉。

"您泡的茶真好喝！"茶室主人细细品味着，笑着说道。

"茶好，水好，器具好，环境好。有了这'四好'，即使不懂得泡茶的人也会冲泡出一盏好茶汤呢。"对于茶室主人的赞美，我很礼貌地作了回答。

台湾乌龙茶一共冲瀹六水，至第六水，香气幽微，滋味已淡，但喉间甘润，主客俱喜。最后一道为清水，我将第一盏奉佛的茶汤倒回公道杯中回向，以使更多人能分享到一盏茶汤的喜悦和甘香。

饮茶毕，茶室主人知道我随行携带着洞箫，于是问道：您能吹一曲箫来听吗？我笑道：当然可以。我从箫囊中取出洞箫，先让茶室主人及其子欣赏。这是一管七节紫竹洞箫，箫管上镌刻着唐代诗人杜牧的一首诗：青山隐隐水迢迢，秋到江南草未凋。二十四桥明月夜，玉人何处教吹箫？欣赏完洞箫，茶室主人将洞箫交还给我，笑着说：您现在可以吹了。我接过洞箫，轻拈箫管，先吹了一首短曲，是南宋词人姜白石的《鬲溪梅令》，然后又即兴吹奏一曲，曲名曰：荷香。

一曲毕，已经到了午餐时间，茶会就此结束。

回到西京后第三天，我再次给滕军教授去了电话，表示对此次茶会的感谢之情，并邀请她能有时间带着儿子一起来西京，到冷香斋做客。

滕军教授则对我的到达表示感谢，并希望我能写一篇文章，记下这次茶会。同时也希望我能帮她转达一下她的歉意：因为教学工作繁忙，不能如期参加一些茶友间的聚会，也不能对一些茶友的信函一一予以回复，对此，她只能表示深深的歉意。

"不过我会始终珍惜茶友间这份情谊。每次喝茶，我都会想起许许多多茶友。我给自己的茶室取名云月斋，也就是这样的用意。"滕军教授在电话里不无感动地说道。

是呵，作为茶人，人世间最值得珍惜的，也许只有茶友间的这份真挚情谊。如同手中的这盏茶汤一样，清澈、平和、宁静，轻啜一口，甘香满口，让人久久难以忘怀。

（京华闲人评曰：果然是一次好茶会。）

冬寒瑟瑟，起炭煎茶

今日冬至。收拾俗务已了，忙里偷闲，在茶室里起炉煎茶，以御冬寒。

平日在山里起炉很容易，先在石灶里将劈柴点燃，然后将烧得通红的火炭从灶膛里夹出，放进茶炉里，添几块木炭在上面，待得木炭燃起，就可以煮水煎茶了。

今天在茶室里起炉却很艰难。将纸捻子引燃后加柴薪、木炭，或许是茶炉灶膛狭小的缘故，柴薪很不容易点燃。不多工夫，屋子里烟浪滚滚，呛得人直淌眼泪。终于浓烟稍息，火苗渐起。此时却急不得，需要耐心等待，羽扇轻摇，火光幽幽，等到炉火通红、风烟俱净了，才算大功告成。由此想到古人煎水瀹茶，一应杂务全交由茶童在茶寮里进行，大概就是不愿受烟熏火燎的缘故吧。

今天煎茶所用茶炉、茶铫、朱泥壶等均为潮州产，小巧精致，很实用。至于羽扇、炭盒、炭夹等物，则为冷香斋主人所添置，形制古雅，颇具幽趣。今天特意使用矮几、蒲团、小茶篓、小茶盏等器具，工夫茶"四宝"齐备，冬日苦寒，最适宜做"工夫"品饮。

清人俞蛟在《梦厂杂著·工夫茶》条写道："工夫茶烹治之

法，本诸（陆）羽《茶经》，而器具更为精致。"翁辉东《潮州茶经》则称："工夫茶之特别处，不在茶之本质，而在茶具器皿之配备精良，以及闲情逸致之烹制法。"这些都是对工夫茶颇为贴切的描写。

工夫茶"四宝"也称茶室四宝，即玉书碾、潮汕洪炉、孟臣罐和若深瓯。玉书碾即砂铫，用来煮水；潮汕洪炉即红泥小炉，用来烧火；孟臣罐即宜兴紫砂壶，用来冲瀹茶汤。相传出于一代紫砂名匠惠孟臣之手，器以人名，相沿至今；若深瓯即白瓷茶盏，用来饮啜茶汤。烹制工夫茶，茶室四宝不可或缺，四宝齐备，方可烹饮。

水初沸后温壶烫盏，接着备茶投茶，冲瀹茶汤。

茶品为今春武夷岩茶——老丛水仙，香气幽深，滋味厚重，炭焙气息隐然，是一款很不错的茶品。

关于武夷茶，清人袁枚《随园食单》里有一段很精彩的描写："余向不喜武夷茶，嫌其浓苦如饮药。然丙午秋，余游武夷到曼亭峰、天游寺诸处，僧道争以茶献。杯小如胡桃，壶小如香橼，每斟无一两。上口不忍遽咽，先嗅其香，再试其味。徐徐咀嚼而体贴之，果然清芬扑鼻，舌有余甘。一杯之后，再试一二杯，令人释躁平矜，怡情悦性。"

起炉煎茶，不但颇具古风，而且茶汤的香气、滋味也有一

平常心是道

明 仇英 《东坡寒夜赋诗图》（局部）

此图取东坡在王晋卿家寒夜与侍儿春英赋诗吟咏典故。画面上，东坡居士侧身坐于榻上，面向怀抱琵琶的侍女。榻旁的小儿上摆放着水盂、茶注子、茶盏。仆人蹲在一旁扇火煎水烹茗。寒夜赋诗，红袖添香，可以无酒，岂可无茶

些微妙的变化。譬如今天的这款老丛水仙，茶汤注盏后茶息隐沉，入口滋味浓郁，香气饱满，三盏毕，舌面生津。七水毕，合目细细体味，"果然清芬扑鼻，舌有余甘"。历代茶家所谓的"岩骨花香"茶味岩韵，唇齿间隐约可辨。由此联想到古代士夫的风雅生活，虽然没有现代社会这样便利，但简单中自有乐趣，自有一种真切享受，值得我们闲暇时细细品读。

且录小诗《岁末偶题》一首曰：

向晚重霾雪未成，泥炉砂铫炭初红。
淋壶三沸汤花老，洒盏七分岩韵浓。
夜来八万四千偈，纳入弥陀一念中。

佛前持一盏，窗外正苦寒

莫等春风来，莫等春花开。
雪间有春草，携君山里找。

这是日本歌人藤原家隆的一首和歌，很受茶道宗匠利休居士赞赏，认为最能传达茶人冬日饮茶时的愉悦心情。

冬天大概是最适宜饮茶的季节了。古德常说的"所作皆办"，用今天的话说就是年末公务已经结束，家庭事务也已处理妥当，一个人独坐茶室，无俗客到访，无俗务打搅，水铫里松风初鸣，鱼眼渐开，望着窗外低沉的天空，心里正寻思着今天该饮什么茶呢。

今冬苦寒，据说是近年来最为寒冷的一季。不过正因如此，便取消了出门或者举办茶会的念头，也不用到山间茅棚里去，摒弃一切俗务和应酬，只在茶室里安心饮茶、读书、礼佛。

茶室里温暖而明亮，水已近二沸，提铫离炉，冲烫瓯盏、备茶。

茶为湖州紫笋茶，今年的春茶，是大和贤弟特意从湖州长兴"好和堂"寄来的，还余下一些，叶片有些破碎，不过出汤很好，很适宜用茶碗冲瀹。

茶碗特意选用这款色泽艳丽的红釉窑变小盏，香炉也选用祭红釉小炉，均给人以小巧朴素而又温暖宜人的感觉。茶汤冲瀹后礼佛、供养、自啜。

以往饮茶，多耽于茶汤的色泽、香气、滋味和气韵，也就是所谓的"茶汤四相"，虽说对体味茶汤滋味有好处，但对于修持茶道似乎有碍。今天无事，想着暂且抛开身心，不去计较茶汤四相，仅仅煎水、瀹茶、饮茶而已。

三盏饮罢，才发觉自己依然会计较茶汤的浓淡甘滑，分别茶香的清幽深长，虽非有意，却是多年积习所致，难以遽改。这样饮茶，无疑只会增长我执，深固四相，与茶道修持不宜。

老子《道德经》说："为学日益，为道日损。损之又损，以至于无为。"茶道修习是一个逐渐抛弃和觉悟的过程——抛弃掉多生累劫的积习和烦恼，最终领悟到茶汤的真实之味。

《维摩诘所说经》曰："（维摩诘居士）虽为白衣，奉持沙门清净律行；虽处居家，不着三界；示有妻子，常修梵行；现有眷属，常乐远离；虽服宝饰，而以相好严身；虽复饮食，而以禅悦为味。"禅悦为味，就饮茶而言，即是不耽着于茶汤四相，追究茶汤的真实之味——禅的滋味，或者称作"茶禅一味"。这是茶道修习的最高境界，也是茶人终生追求的目标。

香炉里烟丝轻袅，透出淡淡檀的气味。干枯的麦冬枝叶萧然低头，那一春清扬的身影。

"子之清扬，扬且之颜也。展如之人兮，邦之媛也！"

望着花瓶里的两三枯枝，忽然想起《诗经·鄘风·君子偕老》里这几句诗，虽然"诗序"认为是讽谏之作，但对于我等后来读者而言，似乎不必太过执著，毕竟诗句里传达出来的是一种曼妙之美。

从来佳茗似佳人。虽然茶叶经过烘焙，只剩干枯叶片，但当沸水冲瀹的那一刻，那一春的生命似乎又复活了。风的声音、水的声音、鸟鸣的声音、蝶翅举措的声音，似乎都在瓯盏间充盈。清澈的阳光，亮丽的树影，斗笠、箩筐、山歌，似乎都来到眼前。

轻啜一口茶汤，那是春天最为真切的滋味！

不必到山间雪地去苦苦寻觅，春天就在眼前这一碗茶汤里！

茶汤的真实滋味不在别处，就是在我们每个人心里。如同雪地里那一蓬春草，绿意点染在我们每个人心头。

窗外天色依然有些阴沉，我心里却很温暖。从眼前这一盏茶汤里，我体味到了春天的滋味！

利休居士有和歌曰："径通茶室来品茗，世人聚此绝俗念。"

一个人独坐茶室，虽然没有了尘世间的俗念，但因茶而起的遐思却依然让人难以释怀。在佛家的眼光看来，这也是一种执著呵，说来真的很惭愧呢。

小寒扫雪细烹茶

小寒节气，携扫雪、湘云茶友一行，前往千竹庵扫雪煮茶。

气候冷肃。山道上积雪尚未融化，有些地方结了薄冰，踩上去有一种悦耳的脆响。紫阁峰高耸雪端，呈现出谦恭的轮廓。我们将车辆停放在山下寺院里，徒步而上，也就不到二十分钟路程，不仅活动了手脚，身体也感觉暖和了许多。

隔岸就是千竹庵了，坐落在峰峦积雪里，静谧而安详。

山林里大部分植物的枝叶已凋谢殆尽，山洼里仍有一大片松树林还在默默坚守着，点染出一方浓绿的风景。茅屋前竹林依然苍翠，但已然没有了夏秋间的清秀茂盛。

岁寒，然后知松柏之后凋。夫子的教诲总能穿越时间和季节，温暖人心。

因为没有了树木遮掩，茅屋、草亭裸露在峰峦下，显得有些孤单。小径一如既往地蜿蜒着，雪地里有一行野犬的足迹。

河道里布满大大小小的石块，残雪堆积。清澈的河水冲刷出一条宽阔的水路，冲向悬崖下冻结的石潭。河岸边巨大的石根一直延伸到水底，给人一种刺骨的清冷感。

生火，汲泉。铁炉里很快就火光熊熊，整个茅屋似乎也温暖起来。池塘也冻结了，山泉在冰层下涌动着，响声汩汩。

因为天冷，大家都围坐在茶室里，腿上裹着厚棉毯，炉火哔剥，竟然感觉不到户外酷寒。水已经烧开，先冲瀹一道福鼎老白茶。记得上次饮茶已经是一个星期前了，公杯里残存的茶汤忘记清理，结了厚厚一层茶冰。我将滚烫的茶汤注入公杯，笑道：今天我们饮冰茶，一半是热茶，一半是茶冰，看看滋味如何？

齐白石《寒夜客来茶当酒》占据画面一大半的是一青色细颈大瓷瓶和瓶中的一枝墨梅。瓶左下，是一把造型古拙的提梁大壶。瓶右下，是一盏燃着红火的油灯。画面以简约的手法表达了题款『寒夜客来茶当酒』的意境。寒夜客来，以茶当酒，品茶赏梅，主客两欢

茶汤滋味很奇妙，一盏入口，舌面甘滑，令人满怀欣喜。

然后冲瀹山南绿茶，茶香清幽，滋味柔和，有一种儒雅清冷的韵味。

茶点是胡饼，已在铁炉上烤得松脆焦黄。用过茶点，铁釜里松风渐响，蟹沫徐生，茶囊里恰好有一小袋台湾乌龙茶，浸润后投入铁釜里煮，大约两分钟后出汤，入口醇厚，茶息深远，三盏饮罢，后背竟然感觉微汗津津。

虽然是小寒节气，阳光却格外清朗。亮丽的阳光漫过山峰，透过纸窗，映照在茶室里，明亮而朦胧，似乎能呼吸到峰峦山林清冷的气息。

茶室角落里的石灯笼也散发出朦胧的光亮，衬托着茶盏里琥珀色茶汤，幽深而温暖。

扫雪、湘云茶友一行此次专程从外地赶来终南山茅棚，希望能了解有关茶道修习方面的事情。在当今这样浮躁的社会人文环境下，还有这样一些对茶道孜孜以求的人群，可谓难能可贵，其精神让人赞叹。

茶道修习是一个大话头。如果说禅宗是出家人的"寺庙禅"的话，茶道修习就是在家居士的"在家禅"。茶道修习以茶为载体，通过烧水煎茶，最终领悟茶道真谛，达到"清、和、空、真"的茶道境界。饮茶不仅仅吸香啜味，更重要的是要透过汤色、香气、滋味、气韵这"四相",破除内心执著,体悟到茶汤的真实滋味。所谓茶汤的真实滋味,简单些说,就是禅悦之味。

日本茶道宗匠利休居士在《南方录》中如是说:"草庵茶要义,乃是以佛法修行得道为根本。"又说:"草庵茶就是生火、烧水、点茶、喝茶,别无他样……我终于领悟到:搬柴汲水中修行的意义,一碗茶中含有的真味。"(摘引自滕军《日本茶道文化概论》)

今天大家来到千竹庵,汲山泉、燃炉火、蒲团跌坐,静啜茶汤,大概也是茶道修习的一种体验吧?

茶道修习的关键是要生起恭敬心。不仅是对人的恭敬,更是对茶事的恭敬,对茶器的恭敬。如果没有恭敬心,所谓茶道修习,只是一句"口头禅"而已,如人煮沙为饭,纵经无量劫,也不能成食。

如果我们真正发心修习茶道,就应该在日常生活中,在接人待物中,在起心动念处,时刻保持内心的空明澄澈,以恭敬心、喜悦心、清净心、慈悲心、平等心,认真对待每一天茶事,真能如此,距离领悟茶道真谛也就不远了吧?

余火闪烁。一缕蜡梅的馨香透进纸窗,飘散在暖暖茶室里,沁人心脾。

该回程了。阳光渐渐隐匿,远山近岭蜷曲在积雪里,望上去莽莽苍苍，似乎正在酝酿着一场冬雪呢。

围炉煮茶夜读书

午后饮茶罢，火炉里余炭犹炽，于是将火种夹出，掩埋在火钵里，想着晚间读书煮茶用。

我个人现在不大读经典著作了，多耽于佛经典籍，因此少了许多读书的乐趣。好在此前好些年天天乐此不疲，读书之积习仍在，所以晚间的所谓读书，其实只是翻翻闲书，聊以重温旧梦而已。

所谓闲书，是指那些无关治世经济抑或道德人心的闲雅之书，不但写来毫不费力，读来也亲切有味。譬如日本藤井宗哲和尚的《禅食慢味——宗哲和尚的精进料理》（刘雅婷译，橡实文化出版）一书，虽然以谈饮食和禅悦之味为主，书中时时处处流露出来的闲雅之情以及对大自然的欣喜之意却更能感动读者，可作晚间消闲书品来读。

譬如书中有这样一段描写：

拙庵的后山传来阵阵山莺的啼叫声，我心想：哦，已经是这个季节了啊。不到三天，莺啼便响遍了整个山谷。也不知是谁说过这样一句话：黄莺之声先于释迦的法声。去年如此，今年也同样在花祭来临之前，就先听到了黄莺的法音宣啼。

书中有不少关于日本茶的描写，读来也颇为有趣。譬如这样一段：

极品的玉露茶喝过两泡后，把茶汁压干，然后将茶叶放在砧板上切碎。昆布高汤加上少许盐后，和刚炊煮好的白饭以及刚刚切碎的玉露茶叶搅拌混合。其他使用玉露的料理还有"玉露佃煮""玉露天妇罗"等，风味也都有所不同，令人期待。

这种对季节的敏感以及对生活细节的注重是日本人所特有的，特别是禅僧们，大概总会想到"此日已过，命亦随减。如少水鱼，斯有何乐"这样的禅偈子吧？所以就特别珍惜生活中的每一天每一时乃至每一件琐事，所谓"赏樱的心情"、所谓"一期一会"，都是由这样的民族特性所引发出来的。我们在唐诗宋词中仿佛也能读出这样的感受。

好了，书就读到这里，该煎水煮茶了。

明 陈洪绶《高贤读书图》

二高士于石几前对坐，读书品茗，石几上放着茶壶和茶盏，还有一枝梅花插在容器中，吐露着清香。石几上的器具古色古香，二高士所坐靠背椅和竹凳也极古雅，凸显了饮酒品茶读书情调的静谧高古

痛飲
讀騷

今夜所用茶品为台湾杉林溪乌龙茶，用日本老铁瓶煎煮，不但能得茶叶之本香、本味，更能得围炉煮茶的幽雅意味，让人欢喜无比。

我国茶叶烹治之法由来已久，自汉至唐及宋及今，历经变化。大概而言，唐以前都属于粗放式煮茶法；唐代为煎茶法，宋代则流行点茶法；到了明代中叶，随着团饼茶逐渐被叶茶取代，茶叶冲瀹法大兴，一直延续至今，便是俗称的"泡茶"法了。

关于煎茶法，清人唐晏在《天咫偶闻》里感叹说："煎茶之法，失传久矣。士夫风雅自命者，固多嗜茶，然止于水瀹生茗而饮之，未有解煎茶如《茶经》《茶录》所云者。屠纬真《茶笺》论茶甚详，亦瀹茶而非煎茶。余少好攻杂艺，而性尤嗜茶，每阅《茶经》，未尝不三复求之，久之有所悟。时正侍先君于维扬，因精茶所集也，乃购茶具依法煎之，然后知古人煎茶为得茶之正味，后人之瀹茗，何异带皮食哀家梨者乎。"可谓一言中的，最能得煎茶真味。

流传至日本的《煎茶诀》一书，署名"越溪叶隽永之撰""蕉中老衲补"。叶隽，字永之，清代越溪（今浙江宁海县境）人，生平不详。其"煎茶"条说道："世人多贮茶不密，临煎焙之，或至欲焦，此婆子村所供，大非雅赏。江州茶尤不宜焙，其他或焙，亦远火温温然耳。大抵水一合，用茶可三四分。投之滚汤，寻即离火。不尔，煮熟之，味生芳鲜之气亡。若洗茶者，以小笼盛茶叶，承以碗，浇沸汤以箸搅之，漉出则尘垢皆漏脱去，然后投入瓶中，色、味极佳。要在速疾，少缓慢，则气脱不佳。"这一条简要介绍了煎茶的几个关键步骤，可以和唐晏的《天咫偶闻》参合阅读，或者能体味到古人煎茶的雅趣和真意。

时节冬寒，万物凋敝。茶室和暖，其乐融融。晚间围炉煮茶读书，茶罢作此闲文一则，以尽雅意。

浅议茶道修习

一、概说

茶道修习应该遵循一定的方法，这样的方法称作茶法。世尊在《金刚般若波罗蜜经》中说："是故如来说一切法，皆是佛法。须菩提，所言一切法者，即非一切法，是故名一切法。"一切法包含了茶法，茶法不离于一切法，也不离于佛法。诸如汲水、搬柴、涤器、备茶、煎水、瀹茶、奉茶、饮茶等日常茶事，皆不离于佛法，也就是儒家经典《中庸》里讲的："道也者，不可须臾离也，可离非道也。"真的领悟茶法了，距离悟道也就不远了。

从上古德，有闻歌声悟道者，有聆鸟鸣声悟道者，有见桃花悟道者，有汲水搬柴悟道者，自然也有吃茶悟道者。

据《赵州和尚语录》记载：师问新到："曾到此间么？"曰："曾到："师曰："吃茶去。"又问僧，僧曰："不曾到。"师曰："吃茶去。"后院主问曰："为甚么曾到也云吃茶去，不曾到也云吃茶去？"师召院主，主应喏。师曰："吃茶去。"这是禅宗史上很著名的一个公案，赵州和尚的三句"吃茶去"意味隽永，读后受用无穷。

二、茶道修习要点

吃茶悟道的关键是要进行茶道修习。如果说茶道修习是渐修的话，那么有一天忽然豁然廓然，身心俱忘，悠然会心，就是顿悟了。

日本茶道宗匠千利休在《南方录》一书中说：小草庵里的茶道，首先要以佛法修行得道为第一。追求豪华住宅、美味珍馐是俗世之举。家以不漏雨，食以能果腹为足。此佛之教诲，茶道之本意。

茶道修习的要点，即是通过煎水瀹茶等茶事程式，破知见，离四相，无所住而生清净心，在每日的茶事修习中了悟禅法，体悟大道，真能如此，则距离悟道不远矣。

无风荷动

堺の町衆文化とわび茶の大成

織田信長や豊臣秀吉によって天下統一が進むと、それまで京都を中心に発達してきた茶の湯の文化は、国際都市堺で急成長をとげました。千利休は、茶の湯の精神と禅の思想とを強く結びつけ、「粗相の美」を表現する茶室や茶道具、作法等を一体とするわび茶を大成したのです。

待庵　（京都妙喜庵）

千利休　長谷川等伯筆
（表千家）

長家郎作黒茶碗　銘　兎　（表千家）

三、茶道修习心法

修习茶道，首先要发心。发什么心？发清净心，发慈悲心，发无所住心。清净心是我们的自性真心，是我们进行茶道修习的根本。所谓无所住心，就是说我们在茶事修习过程中，不耽于茶汤四相，应该始终保持内心的清净空明，此时无我，无人，无众生，无茶汤，这才是真正的发心。何谓慈悲心？茶汤有四重密意：外层汤药，内层定中甘露，密层大悲泪水，密密层自性真如。这四层密意一般人都不大了解，所以我们要发大慈悲心，将茶汤的四重密意揭示出来，让大家都能体味到茶汤的真味，而不仅仅停留在外层汤药，或者仅仅耽迷于茶汤四相而已。真的这样做了，就是发大慈悲心，就能得阿耨多罗三藐三菩提法，就能品饮出茶汤三昧。

四、茶道修习四心

真的发心了，并实际去做了，才可以谈茶汤四心。何谓茶汤四心？曰恭敬心、喜悦心、清净心、平等心，称作茶汤四心。

我们修习茶道，一定要发这四种心，这样才能接近无我的境地，这样才是究竟之法。

现在有很多人饮茶，往往只是品饮茶汤的滋味、香气或者韵味，对于茶汤所蕴含的佛理禅机不大用心体会。更有甚者，以

无风荷动

为饮茶仅仅是饮茶而已，不但和佛理禅机没有关系，和中华传统文化乃至人文精神也没有关系。这是因为他们囿于个人识见和无始无明，不明白茶汤四重密意的缘故，属于茶法中的"断灭见"，是不可取的。

五、茶法与佛法

在我国，茶法最早是从禅寺里开始形成并向外传播的。唐代封演《封氏闻见记》卷六"饮茶"条里明确记载说："开元中，泰山灵岩寺有降魔师大兴禅教，学禅务于不寐，又不夕食，皆许其饮茶。人自怀挟，到处煮饮。从此转相仿效，逐成风俗。自邹、齐、沧、棣，渐至京邑城市，多开店铺，煎茶卖之，不问道俗，投钱取饮。"唐代百丈怀海禅师的《百丈清规》里记录有最早的禅寺茶事仪式，在宋代宗赜禅师编纂的《禅苑清规》里有详细保留，记录了许多有关当时禅宗寺院里举行茶事活动的茶规、茶礼、茶仪等。而赵州和尚的"吃茶去"公案更是风行整个丛林，几乎成为禅门吃茶的代名词。吃茶时参禅，参禅时吃茶，禅味即是茶味，茶味不离于禅味，这才是真正的"茶禅一味"，让后来人称慕不已。

六、茶汤里的无我法

我们修习茶道，除了发心外，还要做到无我。茶汤中无我，茶法中无我，这才是真正的无我法，是真正的大菩萨作为。

"无我"很重要，是诊治"我执"的一方良剂。我们现代人"我执"很严重，人人自以为是，容不得别人说半个"不"字。譬如有人泡茶，容不得别人说不好，说他的茶不好，他会生气，说他的泡茶方法不对，他更会生气，如果他有一把心爱的茶壶，那就更不能说不好了，否则他会和人家拼茗（拼命）的。

所以我们修习茶道，明了"无我法"很重要，不要有煎水瀹茶之心，不要有饮茶之心，自然也就不会耽于茶汤四相了。长此以往，必然能"通达无我法者"，逐渐掌握茶道修习的方法。

我们如果真的通达无我法了，则世间一切法莫不通达，也包括茶法。这方面的例子很多，譬如六祖，原本连字也不认识，但通达禅法后不但出口成偈，而且所有佛所说法，只要聆听一遍，就能了悟，就能为众宣讲，这样的智慧称作般若智。

我们修习茶道，如果真的理解了茶法，那么这世间任何一品茶，我们都会冲瀹，因为我们已经了悟了茶法。什么是茶法？就是煎水、瀹茶、饮茶的方法。茶法在哪里？就在眼前这一碗茶汤里，就在我们念念不忘的心里。离开了这一碗茶汤，离开了我们的茶心，是没有茶法的。这样的智慧也属于般若智慧。我们经

大澤深山宴坐平石童
子燒香各適其宜如意
在手非肴非肴焉煮火稀
名法何為乎
丙戌仲秋御賛

常说茶禅一味，但如果我们不了悟禅法、不了悟茶法，是不能真正体味茶禅一味实相的。

什么是茶禅一味实相？不免效法古德一句口头禅曰：吃茶去！

茶道与香乘

寒日萧萧上锁窗，梧桐应恨夜来霜。酒阑更喜团茶苦，梦断偏宜瑞脑香。

秋已尽，日犹长。仲宣怀远更凄凉。不如随分尊前醉，莫负东篱菊蕊黄。

这是宋代女词人李清照的《鹧鸪天》词，感情沉郁，风格清新，很耐品读。我个人比较喜爱"酒阑更喜团茶苦，梦断偏宜瑞脑香"一联，不仅因为对仗工稳，辞义闲雅，更因为在这两句词里，同时提到了茶品和香品，涉及茶文化和香文化两个领域。

如同茶文化一样，中国香文化起源也很久远，至晚可追溯到春秋战国时期，楚人屈原诗歌中就有大量"香草美人"的描写。据现存史料分析，焚香起源于远古的祭祀活动。相传炎帝神农氏"斫木为耜，揉木为耒，耒耜之利，以教天下"，"始尝百草，始有医药"。百草中很多是香料植物，这些香料植物在我国第一部诗歌总集《诗经》中也有提及。可以初步得出这样一个结论：炎帝神农氏是中华茶文化和香文化的始祖。

西汉时期我国茶文化和香文化均已初步成形，著名的"博山炉"就是汉武帝时长安工匠设计制造的。从汉代起，特别是张骞通西域后，随着中国和西域、南洋贸易往来的增多，异国香料也从印度、波斯、阿拉伯等地传入中国。东汉时期随着佛教的传入，合香方法逐步完善。

唐代是中国茶文化发展的重要时期，出现了世界上第一部茶文化专著《茶经》。唐代茶品、茶器以及煎茶方法也都达到一定的高度，茶道在中唐时期已初步形成。唐代也是香文化发展的重要时期。不仅各种宗教仪式要焚香，日常生活中人们也大量使用香料，并将合香、烧香、熏香、鉴香发展成为一门高雅的艺术，后来传入日本，演变成日本"香道"而流传至今。

宋代是茶文化、香文化发展的鼎盛时期。就香文化而言，有多部著作面世，如洪刍《香谱》、叶廷珪《名香谱》、陈敬《香谱》，以及南宋末年编撰的《居家必用事类》等。特别值得一提的是，北宋文人丁谓的《天香传》是一篇很重要的香文化著作，虽然篇幅不长，但对宋代香品、香器乃至香文化现象都有很具体的描述，很有参考价值。

清代竹刻香筒

宋代茶品丰富，譬如仅供皇家"御用"的茶品就有大龙团、小龙团、龙团胜雪、密云龙等名目，或烹或点，或煮或煎，使中华茶道艺术达到顶峰。宋代香品也很丰富，单香材就有沉香、檀香、降真香、龙脑香、苏合香、安息香、甘松香、零陵香、金颜香、乳香、藿香、茅香、麝香、甲香等名目。将这些香材按照"合香方"调和在一起，称作"合香"，有香饼、香丸、末香、散香等。或熏或焚，或印或佩，丰富了香文化内涵，可用"中华香道"来总括。

开篇所引李清照词中的"瑞脑香"，是一种加入"脑子"后合成的香饼或香丸，可在瑞兽形状的香炉中熏烧，其"合香方"及合香方法《香谱》中都有记载。有意思的是，宋代不仅在香品中加"脑子"，茶品如大小龙团中也入"脑子"，以便提香。这里的"脑子"就是龙脑香，俗称梅片，有些典籍里称作婆律香，据说出自婆律国，状如树脂，火飞成片，味辛香，可入药。

宋代茶文化、香文化的兴盛，很大程度上得力于文人雅士的积极参与和大力提倡。如丁谓、苏轼、黄庭坚、朱熹等，不但是茶文化的鼓吹者，也是香文化的倡导者和实践者。朱熹作为有宋一代著名的理学家，在茶文化及香文化方面的造诣也很精深，他那首著名的"茶灶"诗，大家都很熟悉："仙翁遗石灶，宛在水中央。饮罢方舟去，茶烟袅细香。"他还有一首"香界"诗，就很少人留意了："幽兴年来莫与同，滋兰聊欲洗光风。真成佛国香云界，不数淮山桂树丛。花气无边熏欲醉，灵芬一点静还通。何须楚客纫秋佩，坐卧经行向此中。"写得雍容闲雅，很有些"朱子风范"。特别是"花气无边熏欲醉，灵芬一点静还通"一联，更是微妙圆通，非精于香乘者难以道出。

宋代因为茶文化、香文化的繁盛，甚至出现了一些以点茶、焚香为主业的政府机构和从业人员，统称"四司六局"。其中"茶酒司"专管客过茶汤、斟酒、上食等；"香药局"专管香炉、香球、装香簇细灰等。这些机构和从业人员的出现，不但丰富了茶文化、香文化内容，也使之普及到寻常百姓人家，可以说是件很有意义的事情。

同茶文化一样，元、明时期香文化基本是唐宋的延续，没有大的发展。明代出现了几部香文化集结著作，其中以周嘉胄《香乘》最为丰富，正如清代《四库全书》辑录者所评定的那样："香乘二十八卷，明周嘉胄撰……殚二十余年之力，凡香名品故实，以及修合赏鉴诸法，无不旁征博引，一一具有始末。自有香笺以来，惟陈振孙书录解题载有香严三昧十卷，篇帙最富。嘉胄此集乃几于三倍之。谈香事者，固莫详备于斯矣。"可谓推崇备至。

大约到了明末清初，香文化开始趋于没落，清末逐渐消匿。

南宋龙泉窑翠青鬲式香炉

西汉错金镶银嵌七宝博山炉

晚清香文化虽然已经没落，但在少数士大夫家庭中还多少保留着一些合香、焚香的习俗，关于这一点，我们在阅读古典名著《红楼梦》时可以得到印证。及至清末，由于频年战乱的原因，官僚腐败，民不聊生，香文化渐次销声匿迹。到了近代，礼仪尽废，风雅不复，诸如茶道、香道、插花、挂画这样高雅的文化传承渐次断灭，或者被视为"封建"糟粕而遭受质疑，凡此种种，令人叹惋不已。"文革"以后，传统意义上的中华香文化在大陆上已然绝迹，但在中国香港、台湾以及东南亚一些地方，还多少得到一些保留。所幸古人典籍尚在，中华民族文化血脉未断，为我们重新挖掘整理乃至弘扬提供了便利条件。

以上大概勾勒出中国茶文化、香文化发展、兴盛、式微乃至断灭的过程，以及两者之间的关系。可以看到，无论茶文化或者香文化，其形成、发展、式微乃至断灭都极其相似，都离不开中华文明这个大的范畴。而所谓的"断灭"，仅仅是从一定的历史时期而言的。然而判定一个民族文化是否"断灭"其实很难，只要这个民族的人文精神还在，只要相关的历史典籍还在，在适当的历史时期及人文环境下，是有机会可以恢复起来的。所谓"野火烧不尽，春风吹又生"就是这样的意思。所以如果有更多的人能够关注、研究中华香文化，我相信在不远的将来，传统香文化一定会复苏。

且录小诗一章曰：

四般闲事好，挂画复插花。

水沸鱼鳞动，香生兽目睚。

觉时日将午，静坐诵《法华》。

春阴不散，焚香煎茶

三月和风满上林。牡丹妖艳直千金。恼人天气又春阴。

为我转回红脸面，向谁分付紫檀心。有情须殢酒杯深。

（宋·晏殊《浣溪沙》）

这是宋代著名词人晏殊的《浣溪沙》词，是说初春风光的。其中"恼人天气又春阴"一句，半喜半嗔，欲颦还笑，读来耐人寻味。初春时节，乍暖还寒，特别是花朝节过后，雨水渐渐多了起来，还未到"牡丹妖艳直千金"的暮春时节，但伤春的情怀渐渐浓郁，欲罢不能。

今天一早天色就有些阴沉，到了上午十点左右，寒意丝丝浸来，一个人坐在茶室里，竟然感觉有些清冷。于是将电暖气打开，又泡了一杯热茶，感觉好了许多。

每年春天必定会有倒春寒的，那些早早就扔掉冬衣的年轻人，又匆匆加厚了衣衫；提早发芽的小草、小树，也瑟缩起了手足。毕竟寒冷是真实的，没有分毫虚假。

　　午饭后不忍睡去，心思又懒懒的，就这样在床上歪了一小会儿。瓦罐里蟋蟀沙沙的鸣叫声惹人愁思。望着窗外阴沉沉的天气，真疑心季节又轮回到了秋天呢。现在养的当然不是秋虫，而是人工孵化的春虫儿，春节前后上市，虽然仅有两三个月清听，对于冷香斋主人这样有着"秋壑"之癖的人来说，实在是种慰藉了。想起年前茶友从台湾寄来的一小罐冬片乌龙茶，过年时和夫人品尝过一两道，还剩下一些，今天中午索性不休息了，一个人独自享用吧。

　　茶几、茶盏、烧水器具以及茶、水等都是提前备好的，很方便。因为是午间饮茶，器具也很简略，仅啜瓯一、茶罐一、水缶一、水瓢一、残水盂一、茶巾两块。水烧好后，温烫啜瓯，接着投茶。冲泡台湾乌龙茶，水温不能过高，控制在90度就可以了。先冲入约五分之一开水，浸润茶叶，接着冲水至七分满，浸泡约一分钟左右，就可以开汤品饮了。此时无思无虑，万缘放下，一个人盘腿而坐，静静享用一碗茶汤的滋味。茶汤香气淡雅，滋味也很淡雅，有着一抹淡淡的忧思和深情。二水时，茶汤入口滋味饱满，香气深长，这是冬茶和春息结合在一起的味道，淡淡的，幽幽的，充满活力。直至三水，香韵俱不稍减。

因为春寒萧瑟，今天饮茶特意使用了香供。平时香供都用末香或者合香，是我依据古法亲手合成的。末香、合香是不能直接焚烧的，要放置在香炉灰面的银叶上，灰里预先埋了香炭，灰面打了香筋，炭火的热量透过火窗，经过薄银叶的阻隔，火力已变得温和，漫漫熏烤香品，静静领略那一缕恬然沉静的香云。今天因为天冷，就用了线香。线香可以直接焚烧，虽然有烟火气，但恰恰是那一缕袅袅散散的青烟，似乎更有意味，更能引人遐思。

此刻大概最宜吹一曲洞箫了，最好是"清明上河图"，曲中充满杨柳和雨丝的味道。又考虑到现在是午休时间，担心惊扰了别人，于是只能作罢，心里却箫韵俨然。

唐代李约有首《观祈雨》的诗，诗中吟诵道："桑条无叶土生烟，箫管迎龙水庙前。朱门几处看歌舞，犹恐春阴咽管弦。"这是古代春旱祈雨的情景，诗中不无讽谏之意。今年北方地区干旱很严重，农作物普遍受到影响，但花朝节后的一场春雨及时缓解了旱情。闲暇时饮茶、焚香、听箫，大概不用担心有"春阴咽管弦"的讥讽了。

到了傍晚时分，雨终于落下，淅淅沥沥的，天色渐渐昏暗，瓦罐中蟋蟀的鸣叫声也格外响亮起来，大概它们真的以为是秋天了呢。可见，时间、季节都是假的，乃至饮茶、焚香莫非如此。假中却有真，真中仍有假。真假俱不执著，或者才是真的境界吧？

忽然想起李后主那阕《浪淘沙》词，虽然意境略感凄凉，其中况味却是一样的，不妨一并转录在这里，供大家清赏：

> 帘外雨潺潺，春意阑珊。罗衾不耐五更寒。梦里不知身是客，一晌贪欢。　独自莫凭栏，无限江山。别时容易见时难。流水落花春去也，天上人间。

沉水扶香燃将尽

诗曰：

> 书斋向午雪纷纷，银铫冰瓯啜绿痕。
> 沉水扶香燃将尽，琴丝闲挑忆故人。

下雪了。于是沐手清心，换了雅装，在茶室里盘膝而坐，焚一炉香，煎一瓯水，细细品味一碗茶汤的澹泊与宁静。丁谓有煎茶诗句曰："痛惜藏书箧，艰留待雪天。"李虚已《建茶呈学士》诗曰："试将梁苑雪，煎动建溪春。"都是好注脚。

茶是福鼎白茶，因为由福鼎资国寺监制，故称"资国禅茶"。香炉用莲花小盏，香用沉水线香。水是自来水，在水缶中贮放一昼夜后取用。烧水用纯银急须，取其洁净无杂染。茶瓯为常用青瓷小瓯，状若钵盂，色类浮云，取名"停云"，用陶渊明"停云"诗意。其他用器如茶则、纳茶纸、水瓢、茶勺等，如常。

水声近三沸时提铫离火，涤器、备茶，投茶、润茶，轻轻旋转茶瓯，使茶叶充分浸润，接着冲入热水至六分满，静置约半分钟，一碗茶汤就冲瀹好了。首先礼佛，然后持瓯，吸香、啜饮。

茶汤色泽淡雅，香气清幽，有一股草木的清新气息。轻啜一口，甘淡润泽，余香满口，很适宜禅修饮用。

雪似乎更大了。凭窗望去，花园草地、树木梢头渐渐积贮了一层薄雪，如霜如霰，如米芾笔下的草书飞白，想来晚间会是白茫茫一片了吧？

这样的天气，围炉读书是最好的。明窗净几，炉火通红，在茶香氤氲中凭几而坐，或读诵大乘，或细参公案，或者捧一纸闲书，泛泛而读。子曰：学而时习之，不亦乐乎？大概也包括这样的读书环境吧？读累了，或者手倦了，不妨供一炉妙香，在青烟袅袅中细细品味那一缕沁人心脾的馨香。

这几年香文化似乎很活跃，忽然间出现了许多采香人、贩香人和烧香人。这是件好事情，说明大家温饱问题基本解决后，也要向高雅文化靠拢了。但同时也发现了一个令人担忧的问题：在目前的社会生活条件下，烧香几乎等于烧钱，这些人忽视了当前的物质环境和人文背景，实在是对中华传统文化的一种误读。

在我国古代，焚香被列为"四般闲事"之首。（南宋吴自牧《梦粱录》记载当时临安俗语曰："烧香点茶，挂画插花，四般闲事，不宜累家。"）是一种特定历史环境下的特定行为。正如好友陈兄云君在其新著《燕居香语》中说的，焚香必须具备三个条件：物质条件、旧学素养和佛学修为。

就我个人接触到的一些贩香、玩香人士而言，基本都未具备以上三个条件。所以每次焚完香后，总觉得香气中缺少些什么。仔细想想，缺少的大概就是文化素养的气息吧。毕竟焚香是中华民族延续了几千年的古老文明，虽然后来烟销灰冷了，但这样的文化底蕴还在，历代流传下来的《香谱》《香笺》以及大量的"合香方"还在，而这些恰恰是历史所不能涂抹掉的文化印痕。

平常心是道

　　其实即使在香道文化依然盛行的日本，无论是传统的"御家流"还是偏重于武士阶层的"志野流"，香道始终是贵族和文人雅士阶层的雅玩。如日本著名的国宝级香品"兰奢待"，历史上也只有足利义政、织田信长、明治天皇三位统治者分切过，且每次切割最多不过二两，可见对香品的珍视程度了。日本著名的"六国五味"其实也非常简约，只有伽罗、罗国、真南蛮、真那贺等数种，这大概就是所谓的"香德"吧。焚香人首先要懂得适可而止，不过分追求奢侈香品，而将重点放在学识的养成方面。

　　自从日本茶道宗匠千利休从织田信长处得到一小块赏赐的"兰奢待"后，焚香和茶道也结下了不解之缘。但所用非常有限：茶道（通常提到日本茶道均提点茶道）用小块香料（不足一公克），煎茶道用线香，而且都非常谨慎和节俭。因为对茶人而言，焚烧一节香料，实在是浪费啊。况且茶汤本身的香气，如兰如麝，如檀如沉，风情万种，变化千般，值得我们细细品味。所以我个人以为，日本茶人在茶道与香道的关系处理方面是值得我们借鉴的，虽然他们的物质条件比起我们来要优越得多。

　　要知道最好的香气乃是我们每个人的品德和学养，《尚书》里将之称作"明德惟馨"。《说文》里解释说：馨，香之远闻者也。佛教中也有很多关于香料的记载，如涂香、末香、烧香、沉水香、波律香、旃檀、牛头旃檀等，无非是我们心地清静后的德香。此外还有大自然的香，山川河流、旷野湖泊的香，草木的香，乃至于芹茎菜根、白菜豆腐的香气等，说起来都很诱人，这乃是人生中不可或缺的香气啊，值得我们每个人细细品味。为什么我们刚刚过了几天温饱日子，就想到了那些很奢侈的香品呢？

还是回归到眼前这一碗茶汤吧，里面有着更加真切的香气和滋味。在一碗茶汤中细细体味那一抹渐渐远逝的风雅与馨香吧，不要被世俗的味道所迷惑。

后
记

　　以上这些文字并不是写出来的，而是"品"出来的。品茶有助于勃发文思，激扬文字；品茶而有文章，能益茶德，尽茶情；两者相得益彰，自然妙趣横生。宋人有一首《雪梅》诗道："有梅无雪不精神，有雪无诗俗了人；日暮诗成天又雪，与梅并作十分春。"品茶而有文章，也是如此。每当饭后茶余，茶香缭绕冷香斋中，茶意弥布颊齿之间，此时铺纸濡墨，作小品妙文数则，文思最为快捷，如有神助。因此，"品"出来的文字不同于写出来的文字，"品"出来的文字行间字里都散发着茗茶的清润与甘香。

　　"品"是一种文化，一种学问，更是一种工夫。人能品，文章能品，酒能品，茶更能品。因此才有了人品、文品、酒品、兰品、箫品、茶品、壶品等许许多多能够入品的物象；因此我们身边这世界虽然紊乱而且匆忙，但渴望宁静的心灵终有偷闲的日子。品茶而有文章，这文章如得茶助，如有鬼功，自然意兴揣发，汪洋恣肆，如同张颠醉书、青藤醉墨、青莲醉诗一样，字字句句都浸透着墨意茶香。

"品"出来的文章离不开茶，离不开整天折磨着人的茶思。茶有绿茶、红茶、花茶、乌龙茶、煎茶、抹茶等名目，文章也有兴、比、群、怨等分别。茶思有时浓，有时淡，有时近，有时远，不可捉摸；文字也有短有长，有断有续，有时白话，有时文言，有时文白夹杂，总在当时兴致。"品"出来的文字天然去雕饰，完全不关人事，仿佛飘荡于石畔水涯的袅袅茶烟，茶烟销歇后，哪里寻觅那一缕缥缈的幽思去？事后也想着做些润色，做些修改，但总有画蛇添足、佛头着粪的感觉，于是停笔掩卷，一切听任自然。

据《五灯会元》记载，哪吒折肉还母，拆骨还父，借莲花而获重生。《圣经》里也说：你们从泥土中来，还归泥土中去。"品"出来的文字也是这样，从茶中来，终将归茶中去。冷香斋主人今日还文字于茶思，托幽情于玄远，寄心迹于虚空，杳无一物，空无一痕，了无一字，落得个赤条条来去无牵挂，岂不快活自在？

后　记

又自念道：所谓自在，即非自在，故曰自在。如果心中真能了无牵挂，何时、何地、何人不能快活自在？

于是重新瀹茗，并作《五噫歌》曰：

噫！看世间，纷纷攘攘，苟苟营营。噫！来者逐利，往者邀名。噫！谁识得，山间月朗，江上风清。噫！人间都一晌，暂且伴香茗。噫！

在这里，我要特别感谢北京大学滕军教授，感谢杨书澜主任，感谢魏冬峰编辑……本书得以面世，和他们的鼓励和辛勤工作是分不开的。特别是滕军教授，在本书修订过程中，她始终都给予热情鼓励，并提出了许多宝贵的意见和建议；而且赐以序文，在此，我表示深深的谢意。最后，我还要感谢京华闲人赵英立兄，感谢他给本书作的精彩点评。冷香斋主人浅见寡闻、德薄才疏，而能得到众多茶友的关心和支持，这当然要归功于茶、归功于茶道了。所谓"得道者多助"，这大概正是饮茶而得"道"的缘故吧。

还应声明的是，在本书修订过程中，参考了一些茶学史料、专著及相关的茶学论述、历代绘画集等，在此恕不一一列举了。

时值薄秋，茶兴萧然。炉煎渭水，茶瀹蒙山，玉瓯冰盏，恰成至味。茶饮之余，删节旧文，益以新作，杂纂而成，用以记述历年茶饮之事。《庄子·秋水》有文曰："秋水时至，百川灌河……以道观之，物无贵贱；以物观之，自贵而相贱；以俗观之，贵贱不在己。"夫煎水瀹茶之事，最为闲事、雅事、无为事。以俗观之，可饮可不饮；以物观之，可为可不为；若以道观之，或能得茶饮真意。是为记。

丙戌岁清秋　谨记于长安冷香斋

『幽雅阅读』丛书策划人语

　　因台湾大学王晓波教授而认识了台湾问津堂书局的老板方守仁先生，那是 2003 年初。听王晓波教授讲，方守仁先生每年都要资助刊物《海峡评论》，我对方先生顿生敬意。当方先生在大陆的合作伙伴姜先生提出问津堂想在大陆开辟出版事业，希望我能帮忙时，虽自知能力和水平有限，但我还是很爽快地答应了。我同姜先生谈了大陆图书市场过剩与需求同时并存的现状，根据问津堂出版图书的特点，建议他们在大陆做成长着的中产阶级、知识分子、文化人等图书市场。很快姜先生拿来一本问津堂在台湾出版的并已成为台湾大学生学习大学国文课的必读参考书——《有趣的中国字》（即"幽雅阅读"丛书中的《水远山长：汉字清幽的意境》）一书，他希望以此书作为问津堂出版社问津大陆图书市场的敲门砖。《有趣的中国字》是一本非常有品位的书，堪称精品之作。但是我认为一本书市场冲击力不够大，最好开发出系列产品。一来，线性产品易做成品牌；二来，产品互相影响，可尽可能地实现销售的最大化，如果策划和营销到位，不仅可以做成品牌，而且可以做成名牌。姜先生非常赞同，希望我来帮忙策划。这样在 2003 年初夏，我做好了"优雅阅读""典雅生活""闲雅休憩"三个系列图书的策划案。期间，有几家出版社都希望得到《有趣的中国字》一书的大陆的出版发行权，方先生最终把这本书交给了我。这时我已从市场部调到基础教育出版中心，2004 年夏，我将并不属于我所在的编辑室选题方向的"幽雅阅读"丛书报了出版计划，室主任周雁翎对我网开一面，正是在他的大力支持下，这套书得以在北大出版社出版。

感谢丛书的作者，在教学和科研任务非常繁重的情况下，成全我的策划。我很幸运，每当我的不同策划完成付诸实施时，总会有一批有理想、有追求、有境界，生命状态异常饱满的学者支持我，帮助我。也正是由于他们的辛勤工作，才使这套美丽的图文书按计划问世。

感谢吴志攀副校长在百忙之中为此套丛书作序并提议将"优雅"改为"幽雅"。吴校长在读完"幽雅阅读"丛书时近午夜，他给我打电话说："我好久没有读过这样的书了，读完之后我的心是如此之静……"在那一刻我深深地感觉到了一位法学家的人文情怀。

我们平凡但可以崇高，我们世俗但可以高尚。做人要有一点境界、一点胸怀；做事要有一点理念、一点追求；生活要有一点品位、一点情调。宽容而不失原则，优雅而又谦和，过一种有韵味的生活。这是出版此套书的初衷。

杨书澜

2005 年 7 月 3 日